中国气象局气象探测中心地面气象观测自动化系列丛书

地面气象观测业务技术规定实用手册

中国气象局气象探测中心　编著

气象出版社
China Meteorological Press

内容简介

本手册以《地面气象观测业务技术规定（2016版）》为基础，结合我国业务中不同站类、不同观测方式实际情况编写而成。全书共分5章，主要内容包括观测业务要求、观测与记录、气象报告、应急加密观测、数据文件格式。

本手册对现行业务技术规定进行系统归纳和整编，通过举例、补充注释等方式对业务技术规定的重点和难点内容进一步解释说明，旨在为综合观测业务人员正确理解和掌握相关内容提供参考。

图书在版编目(CIP)数据

地面气象观测业务技术规定实用手册 / 中国气象局气象探测中心编著. -- 北京：气象出版社，2016.5(2022.8重印)
 ISBN 978-7-5029-6344-6

Ⅰ.①地… Ⅱ.①中… Ⅲ.①地面气象观测-技术手册 Ⅳ.①P412.1-62

中国版本图书馆CIP数据核字(2016)第095650号

Dimian Qixiang Guance Yewu Jishu Guiding Shiyong Shouce
地面气象观测业务技术规定实用手册
中国气象局气象探测中心　编著

出版发行：气象出版社	
地　　址：北京市海淀区中关村南大街46号	邮政编码：100081
电　　话：010-68407112(总编室)　010-68408042(发行部)	
网　　址：http://www.qxcbs.com	E-mail：qxcbs@cma.gov.cn
责任编辑：刘瑞婷　吴晓鹏	终　　审：邵俊年
责任校对：王丽梅	责任技编：赵相宁
封面设计：易普锐创意	
印　　刷：三河市君旺印务有限公司	
开　　本：787 mm×1092 mm　1/16	印　　张：6.5
字　　数：170千字	
版　　次：2016年5月第1版	印　　次：2022年8月第5次印刷
定　　价：49.00元	

本书如存在文字不清、漏印以及缺页、倒页、脱页等，请与本社发行部联系调换

序

　　加快实现地面气象观测自动化，稳步推进观测业务流程科学化，是中国气象局为地面气象观测业务发展提出的明确要求。近年来，中国气象局气象探测中心围绕地面观测自动化和业务流程科学化开展了大量的技术调研、研究试验和业务试点工作，建立了以新型自动观测设备为基础、以地面观测综合业务集成平台为核心的地面气象自动观测系统，以及与地面观测自动化和业务改革调整相适应的业务流程和技术规范，为提升地面观测业务质量和效益提供了技术支撑。

　　随着地面气象观测自动化程度的不断推进，地面气象观测业务在观测方式、观测时次、观测方法等方面进行了多次调整。为了更好地指导地面气象观测业务，在中国气象局综合观测司的指导下，中国气象局气象探测中心牵头编写完成了《地面气象观测业务技术规定实用手册》（以下简称《实用手册》），对 2004 年以来印发的技术文件和业务规定进行了全面梳理、系统归纳和整编，并对现行业务规定中有争议的内容进行了明确，通过举例说明、补充注释等方式对部分重点和难点内容进一步解释说明。

　　中国气象局气象探测中心编写的这本《实用手册》，满足了广大地面气象观测站一线业务人员的需要，也希望该手册能为业务人员掌握地面气象观测业务、提高技术水平和工作效率起到积极作用。

中国气象局气象探测中心主任：

2016 年 3 月

前 言

随着我国地面气象观测自动化工作的不断推进，中国气象局地面气象观测业务进行了多次改革调整，自 2012 年 4 月以来，地面观测台站取消了大部分常规气象要素的人工观测任务，调减了人工定时观测时次，升级换代了新型自动气象站，逐步实现了云、能见度、天气现象、固态降水、雪深等气象要素自动化观测。

中国气象局综合观测司在 2016 年正式下发《地面气象观测业务技术规定（2016 版）》（气测函〔2016〕13 号），对 2004 年以来的业务技术规定进行了全面系统的梳理。为加强《地面气象观测业务技术规定（2016 版）》的系统性和完整性，发挥其对地面观测业务的技术指导作用，中国气象局综合观测司又组织中国气象局气象探测中心和有关省气象局归纳整编完成了《地面气象观测业务技术规定实用手册》（以下简称《实用手册》）。《实用手册》具有覆盖面广、综合性高、实用性强、指导性好等特点，可以为基层台站业务人员学习和掌握相关业务技术规定提供参考。

本手册由中国气象局气象探测中心组织编写，曹晓钟、王柏林主持编写，张帆、施丽娟、宋树礼、伍永学、张振鲁、陈冬冬等同志参加编写并负责统稿。在此，编写组向为本书编写提出修订意见的全国地面观测业务检查员和各省地面观测业务观测人员表示衷心的感谢，特别是杨晓丽（河北）、王力（浙江）、杨金花（湖北）、周林（陕西）、曹铁（河南）、祁生秀（四川）等同志。由于编者水平有限，书中不足之处，恳请广大专家和读者提出宝贵意见和建议。

编者

2016 年 3 月

目 录

序
前言

第1章 观测业务要求 ……………………………………………………………（1）
  1.1 观测时次 ……………………………………………………………………（1）
  1.2 观测项目 ……………………………………………………………………（1）
  1.3 观测任务与流程 ……………………………………………………………（3）
  1.4 校时 …………………………………………………………………………（8）

第2章 观测与记录 ……………………………………………………………（10）
  2.1 云 ……………………………………………………………………………（10）
  2.2 能见度 ………………………………………………………………………（10）
  2.3 天气现象 ……………………………………………………………………（12）
  2.4 湿度 …………………………………………………………………………（15）
  2.5 降水 …………………………………………………………………………（15）
  2.6 蒸发 …………………………………………………………………………（16）
  2.7 雪深雪压 ……………………………………………………………………（16）
  2.8 电线积冰 ……………………………………………………………………（17）
  2.9 辐射 …………………………………………………………………………（18）
  2.10 数据文件格式变更 …………………………………………………………（18）
  2.11 异常记录处理 ………………………………………………………………（19）

第3章 气象报告 ………………………………………………………………（27）
  3.1 天气现象电码 ………………………………………………………………（27）
  3.2 重要天气报 …………………………………………………………………（33）

第4章 应急加密观测 …………………………………………………………（38）

第5章 数据文件格式 …………………………………………………………（39）
  5.1 地面气象要素数据文件 ……………………………………………………（41）
  5.2 区域站气象要素数据文件 …………………………………………………（47）

5.3 自动气象站逐分钟数据传输文件 …………………………………………（51）
5.4 日数据文件 ………………………………………………………………（54）
5.5 日照数据文件 ……………………………………………………………（55）
5.6 状态信息文件 ……………………………………………………………（56）
5.7 气象辐射数据文件 ………………………………………………………（58）
5.8 地面气象观测数据文件（A 文件）………………………………………（59）
5.9 分钟观测数据文件（J 文件）……………………………………………（76）
5.10 地面气象年报数据文件（Y 文件）……………………………………（77）
5.11 气象辐射观测数据文件（R 文件）……………………………………（87）

第1章 观测业务要求

1.1 观测时次

1. 国家级地面气象观测站自动观测项目每天 24 小时连续观测。

> 1. 第 1 条摘自气发〔2008〕475 号文件。
> 2. 自动观测项目已实现分钟数据的观测和上传,原规定"每天进行 24 次定时观测"改为"每天 24 小时连续观测"。

2. 基准站、基本站定时人工观测次数为每日 5 次(08、11、14、17、20 时),一般站定时人工观测次数为每日 3 次(08、14、20 时)。

> 1. 第 2 条摘自气测函〔2013〕321 号文件。
> 2. 地面观测业务软件(ISOS)形成的 A 文件"人工定时观测次数"仅与"台站类别"关联。"台站参数"中基准站和基本站的"人工定时观测次数"设置为 5 次,一般站设置为 3 次。
> 3. 地面观测业务软件(OSSMO)形成的 A 文件"人工定时观测次数"与"台站参数"的"人工定时观测次数"相关联。"台站参数"中基准站的"人工定时观测次数"设置为 5 次,基本站和一般站设置为 3 次。

1.2 观测项目

1. 各台站均须观测的项目:能见度、天气现象、气压、气温、湿度、风向、风速、降水、日照、地面温度(含草温)、雪深。
2. 由国务院气象主管机构指定台站观测的项目:云、浅层和深层地温、蒸发、冻土、电线积冰、辐射、地面状态。
3. 由省级气象主管机构指定台站观测的项目:雪压、根据服务需要增加的观测项目。

> 1. 第1～3条摘自《地面气象观测规范》、气测函〔2013〕321号文件。
> 2. 2014年1月1日(北京时2013年12月31日20时)起,一般站不再进行云和蒸发等项目的观测,对第1～2条相关描述进行了调整。
> 3. 当冻结层的下限深度超出最大刻度范围时,应记录最大刻度数字,并在数字前加记">"符号,如">×××"。待冻土期结束后,应换用更长规格的冻土器。
> （1）地面观测业务软件(ISOS)：在"正点观测编报"中输入"500+最大刻度值",在常规维护、报表操作时暂不支持">最大刻度值"的格式显示。
> （2）地面观测业务软件(OSSMO)：在"正点地面观测数据维护"中输入"500+最大刻度值",在A文件维护、格检审核和报表浏览时自动将其转为">最大刻度值"的格式显示。

4. 有两套自动站(包括便携式自动站)的台站,撤除气温、相对湿度、气压、风向、风速、蒸发专用雨量、地温等人工观测设备;仅有一套自动站的台站,应保留人工观测设备作为备份,并按要求进行维护。

5. 已实现自动观测且正式业务运行的观测项目,取消该项目的人工观测。

> 1. 第4～5条摘自气测函〔2013〕321号文件。
> 2. 有蒸发传感器的台站均应保留蒸发测针,以便蒸发传感器故障或结冰时进行人工补测。
> 3. 如台站有仅为开展气象服务需要而增加的能见度自动观测设备,但并未接入新型站,则视为非正式业务运行的设备。
> 4. 有备份自动站(包括便携式自动站)的台站,需做好日常维护,并对其观测仪器定期检定,仪器出现故障时按相关规定及时进行故障排除和修复。采用人工观测设备备份的台站(包括长期保留人工观测的8个基准站),需按照相关安装维护方法做好人工观测设备的安装维护,定期进行设备检定,不得发生超检等责任性事故。

各定时人工观测项目如表1.1。

表1.1 定时人工观测项目表

站类	北京时			真太阳时
	08时	11、14、17时	20时	日落后
基准站 基本站	总云量 低云量 云高 能见度 冻土 雪深 雪压 降水量(结冰期)	总云量 低云量 云高 能见度	总云量 低云量 云高 能见度 蒸发量(结冰期) 降水量(结冰期)	日照

续表

站类	北京时			真太阳时
	08时	11、14、17时	20时	日落后
一般站	能见度 冻土 雪深 雪压 降水量(结冰期)	能见度(仅14时)	能见度 降水量(结冰期)	日照

人工观测的天气现象白天需连续观测,夜间应尽量判断记录。
结冰期无称重式雨量传感器的台站需在定时观测时次人工观测降水量。

6. 为了保持观测方法和观测手段的延续性,张北(区站号:53399)、长春(区站号:54161)、寿县(区站号:58215)、电白(区站号:59664)、贵阳(区站号:57816)、格尔木(区站号:52818)、银川(区站号:53614)和阿勒泰(区站号:51076)共 8 个基准站长期保留人工器测观测任务,在 08、14、20 时开展原有人工观测任务(含自记仪器记录整理、云状观测)。

> 第 6 条摘自气测函〔2012〕36 号文件和气测函〔2013〕321 号文件。

1.3 观测任务与流程

1. 每日观测任务

(1)每日日出后和日落前巡视观测场和现用自动站的采集器、传感器、综合集成硬件控制器等仪器设备及备份观测设备,确保其工作状态良好、采集器和计算机运行正常、网络传输畅通。具体时间各站自定,站内统一。
(2)逐时上传地面小时数据文件、辐射数据文件,按规定上传加密数据文件。
(3)按规定编发重要天气报告。
(4)电线积冰观测时间不固定,以能测得一次过程的最大值为原则。
(5)日落后换日照纸,20 时至 23 时 45 分上传日照数据文件,复验日照需更正的,在次日 10 时前更正上传。

> 1. 第(1)~(5)条款摘自《地面气象观测规范》(2003版)。
> 2. 考虑到人工观测日照自记纸需校验,更正后的日照记录需按时补发更正数据文件。
> 3. 即使冬季日落较早,值班人员也必须在 20 时定时观测后输入日照时数,形成日照上传数据文件,以防上传过早,省局服务器将其作为无效数据处理。
> 4. 省级中心站对以下上传数据文件视为无效文件并删除:上传时间在应观测时间之前的文件、内容全部为缺测的文件、文件名完全相同的后一份文件。

(6)每日20时后上传当日分钟数据文件;检查当日数据是否齐全,并做好数据文件的备份;00时后自动上传日数据文件(现行业务软件利用霾日统计算法在00时后对日数据文件中的天气现象段进行自动订正上传)。若已自动发送的日数据异常(或分钟数据文件未按时上传),在次日08时前通过业务软件更正(或重新)上传。

> 1.第(6)条款摘自气测函〔2015〕45号文件。
> 2.地面观测业务软件(ISOS-MOI版本3.0.0.2)在自动编发日数据文件时,可能会出现霾日统计算法执行错误,或者小时蒸发量、天气现象、降水变为无或缺测的问题,当前可采取以下解决办法:20时"常规日数据"保存后,将"当前日期"任意选择一个之前的日期,然后关闭"常规日数据"界面。软件升级后将解决此问题。
> 3.分钟数据文件是指 AWS_M_Z_IIiii_YYYYMMDD.txt。

(7)按照《综合气象观测系统气象装备运行监控业务运行规定(试行)》(气测函〔2015〕166号)要求,在ASOM系统中做好运行监控与维护维修信息的填报等工作。

> 除按照要求做好维护维修信息的填报工作外,台站系统管理员应及时维护本级ASOM系统中台站人员基本信息、气象装备信息、台站站网信息、探测环境信息等,并及时将相关变化信息报送省级业务部门。

(8)守班期间,因硬件故障导致整套自动站无法正常工作,经排查在1小时内无法恢复时,及时启用备份自动站或便携式自动站。无备份自动站或便携式自动站的,仅在定时观测时次进行人工补测。

> 1.第(8)条款摘自气测函〔2013〕321号文件。
> 2.整套站无法正常工作包括采集器故障无法采集数据、通信故障无法实现数据卸载等问题,需及时启用备份自动站或便携式自动站(使用便携式自动站时,如果无地温等挂接项目时不予考虑),并进行资料上传,此时应尽快修复故障自动站。
> 3.备份自动站启用前,注意清空上传文件夹(AwsNet)中已生成的上传数据文件,避免无效数据文件自动上传。

(9)每日监测并在值班日记中记录探测环境变化情况,探测环境有变化时应及时上报。

> 值班员需对台站周边环境进行全过程监测,并将监测情况及时进行记录,对在建项目和改建项目要跟踪监测,必要时邀请规划设计部门实地测控,并将监测到的变化情况定期上报。
> 变化情况记录在纸质或电子版值班日记中均可。

2.定时观测流程

(1)45—00分,人工观测云、能见度、雪深、雪压、冻土(只在08时观测)及其他人工观测项目,连续观测天气现象。

> 1. 第(1)条款依据《地面气象观测规范》(2003版)进行调整。
> 2. 14时或20时如需补测雪深、雪压,应备注。
> 3. 云、能见度、视程障碍现象、雪深已实现自动观测的台站,相应观测项目以自动观测记录为准。
> 4. 结冰期无称重式雨量传感器的台站或降水传感器故障需人工补测时,应利用雨量筒人工测量降水量。

(2)正点前15分,查看显示的自动观测实时数据是否正常,并及时进行处理。

> 1. 第(2)条款依据《地面气象观测规范》(2003版)进行调整。
> 2. 检查数据是否正常包括数据完整性和准确性的检查,可以通过双套站资料对比的方式进行。

(3)00分,自动站进行正点数据采样。

(4)00—01分,完成自动观测项目观测,并显示定时观测数据,发现有缺测或异常时,及时按有关规定处理。

> 1. 第(3)、(4)条款摘自《地面气象观测规范》(2003版)。
> 2. 如定时观测时次正点前数据持续缺测,按相关规定及时进行人工补测,并上传相关数据文件。正点后10分钟内,自动观测数据恢复正常,按数据替代原则,正点后10分钟内正常分钟数据优先于人工补测数据,此时需重新处理该时次正点观测资料,更正上传数据文件。

(5)01—03分,向计算机内录入人工观测数据。

(6)03—05分,查询数据文件传输情况。

> 1. 第(5)条款摘自《地面气象观测规范》(2003版)。
> 2. 人工数据录入时,微量降水、雪深(雪压)、冻土深度、雨凇和冰雹直径有观测记录时不能漏输,积雪加密观测时选取加密周期、录入加密雪量。
> 3. 将人工观测和自动判别的天气现象按顺序输入夜间及白天时段,注意人工检查订正天气现象编码(wwW_1W_2)。
> 4. 记事栏中记录雨凇(或雾凇)时,在业务软件中需录入直径、厚度、气温、风向、风速资料,当雨凇直径≥31 mm(或雾凇直径≥38 mm)时,还应记录并录入重量。
> 5. 辐射数据文件的传输情况需在地平时正点后查询。

(7)每次定时观测后,登录MDOS、ASOM平台查看本站数据完整性,根据系统提示疑误信息,及时处理和反馈疑误数据;按要求填报元数据信息、维护信息、系统日志等。

各观测时段业务工作流程如表 1.2。

表 1.2 各时段业务工作流程

时段	工作流程
基准站 基本站 一般站 （夜间—08 时）	07 时 30 分巡视观测场和仪器设备。 　　对夜间出现的天气现象尽量判读记录，如天气现象符合重要天气报编发标准并持续到 07 时 30 分后（视程障碍自动编发以及可合并在 08 时长 Z 文件中的大风、冰雹除外），应在 07 时 31 分发送相应重要天气报。具体要求详见 3.2 节。 　　登录 MDOS 操作平台，查看数据完整性，对疑误信息进行处理并反馈。 　　检查夜间自动站数据（重点是夜间多记或滞后的自动降水记录），发现异常时要进行相关处理，处理方法详见 2.11 节。在 08 时前对受影响时次逐一修改上传，确保 08 时记录不受影响。 　　复验日照纸，检查日数据文件（重点是霾的记录），当发现异常时，日数据文件在 08 时前更正上传，日照数据文件在 10 时前更正上传。 　　07 时 45 分开始定时人工观测。 　　08 时 01—03 分录入人工观测数据，确认人工、自动观测数据及天气现象编码无误后，生成正点长 Z 文件并上传。
基准站、基本站 （08—11 时 11—14 时 14—17 时） 一般站 （08—14 时）	登录 MDOS 操作平台，查询本站国家站（区域站）未处理的疑误信息，并在定时观测前完成反馈。 　　定时观测前半小时巡视观测场和仪器设备。 　　定时观测前 15 分钟开始定时人工观测。 　　定时观测时次 01—03 分录入人工观测数据，确认人工、自动观测数据及天气现象编码无误后，生成正点长 Z 文件并上传。
基准站、基本站 （17—20 时） 一般站 （14—20 时）	登录 MDOS 操作平台，查询本站国家站（区域站）未处理的疑误信息，并在 20 时定时观测前完成反馈。 　　日落后更换日照纸。 　　19 时 30 分巡视观测场和仪器设备。 　　19 时 45 分开始定时人工观测。 　　20 时 01—03 分录入人工观测数据，确认人工、自动观测数据及天气现象编码无误后，生成正点长 Z 文件并上传。 　　20 时后在常规日数据中录入人工观测数据（小型蒸发、人工观测大型蒸发及雨凇、雾凇等电线积冰记录）并保存，对数据文件进行备份。20 时至 23 时 45 分上传日照数据文件。

交接班注意事项

1. 交接班时间各站自定，但站内必须统一。

2. 值班员根据值班情况，认真填写值班日记（值班日记填写内容涵盖现用站和备用站运行情况、台站探测环境变化情况）、ASOM2.0，认真校对上一班的全部观测记录、自动气象站数据、数据文件（正点数据文件、日数据文件、日照数据文件、重要天气报）等。

3. 接班员未到，值班员不得离开岗位和中断工作。交接完毕，双方签名，以示负责。

MDOS平台相关操作

1. MDOS平台"快捷通道"包括:数据空间分析、QFE与实况对比、数据查询与质疑、原始数据显示4个功能选项。

2. 省级下发疑误查询信息后,台站可以在"数据查询与质疑"中直接对某条疑误数据双击后进行修改质控。

MDOS平台"一般备注事件"

1. 元数据信息处理→备注纪要信息登记→一般备注事件。

2. 事件类型共16项,各站按备注信息内容选择相应的事件类型,当备注信息内容中没有事件类型对应时,应选择"其他"项。

3. 降雪时,应经常巡视传感器,当积雪覆盖观测地段时,及时将传感器置于雪面上,并按照人工观测地面温度表有积雪时的操作方法进行操作。草温、雪面温度的切换具体时间需在气簿－1和MDOS"草温与雪面观测的改变"事件类型中注明,非守班期间(夜间)可根据实际情况进行备注。

4. 台站提交的同一时段内的备注或纪要信息,其事件类型不能相同,否则,后者会将前者覆盖。

5. 当台站发现备注信息有误需要修改时:

(1)若尚未通过省级审核,台站可选择撤销或直接修改后重新提交。

(2)若已通过省级审核,当时段和事件类型没有变化时,可调出原备注信息进行修改,操作标记由原来的"新建"变为"更改",则表示修改成功;当时段和事件类型有变化时,应联系省级审核人员删除原备注信息,再重新提交更正后的备注信息。

6. 天气气候概况内容中的第1项"主要天气气候特点"和第5项"本月天气气候综合评价"为必报项目。

MDOS平台"台站变动登记"

1. 元数据信息处理→台站变动登记。

2. 台站变动信息的修改直接影响台站基本信息的变更,当台站的基本信息、站网信息、观测信息、要素信息、仪器设备发生变动时,需登录MDOS操作平台进行登记。

3. 仪器变动登记分为"添加新的仪器设备""仪器设备更换或位置变动""淘汰该类仪器"三项。当仪器设备型号或仪器距地(平台)高度发生变化时需在"仪器设备更换或仪器变动"中登记。

1.4 校时

1. 观测业务系统应按照《关于全国气象业务系统统一校时的通知》(气预函〔2012〕97号)要求,使用气象网络授时系统定期校时。
2. Windows系统默认的时间同步间隔为7天,可以根据实际情况来确定校时时间及校时频率。气象网络授时系统服务器IP地址如表1.3。

表1.3 气象网络授时系统服务器IP地址表

地点	IP地址(局域网)	IP地址(广域网安全区)
国家局	172.17.1.40	10.1.72.140
	172.17.1.41	10.1.72.141
天津	10.226.2.24	10.226.72.15
河北	10.48.2.24	10.48.72.15
山西	10.56.2.24	10.56.104.15
内蒙古	10.62.2.24	10.62.72.15
辽宁	10.86.2.24	10.86.104.15
吉林	10.92.2.24	10.92.72.15
黑龙江	10.96.2.24	10.96.72.15
上海	10.228.2.24	10.228.72.15
江苏	10.124.2.24	10.124.72.15
浙江	10.135.2.24	10.135.72.15
安徽	10.129.2.24	10.129.72.15
福建	10.140.2.24	10.140.72.15
江西	10.116.2.24	10.116.72.15
山东	10.76.2.24	10.76.72.15
河南	10.69.2.24	10.69.72.15
湖北	10.104.2.24	10.104.72.15
湖南	10.110.2.24	10.110.72.15
广东	10.148.2.24	10.148.72.15
广西	10.158.2.24	10.158.72.15
海南	10.155.2.24	10.155.72.15
重庆	10.230.2.24	10.230.72.15
四川	10.194.2.24	10.194.72.15
贵州	10.203.2.24	10.203.72.15
云南	10.208.2.24	10.208.104.15
西藏	10.216.16.24	10.216.72.15
陕西	10.172.2.24	10.172.72.15

续表

地点	IP 地址（局域网）	IP 地址（广域网安全区）
甘肃	10.166.2.24	10.166.72.15
青海	10.181.23.24	10.181.72.15
宁夏	10.178.2.24	10.178.72.15
新疆	10.185.2.24	10.185.72.15

1. 台站在更换或启用新的业务用计算机时：

(1)启动业务软件前应先进行网络授时设置，并点击"立即更新"对系统时间进行校对。如计算机时间与网络时间有时差，可能会导致分钟数据存储错误。

(2)应取消系统待机和休眠功能，否则影响数据采集。

2. Windows7 系统网络时间同步配置方法如下：

(1)点击系统托盘右下方的时间，弹出时间窗口，再点击"更改日期和时间设置"，在弹出的"日期和时间"对话框中选择"Internet 时间"选项卡，点击"更改设置"，勾选"与 Internet 时间服务器同步"，在服务器地址栏输入授时服务器的 IP 地址，然后点击"确定"按钮保存。

(2)Windows 系统默认的时间同步间隔是 7 天(604800 秒)，可以通过修改注册表：[HKEY_LOCAL_MACHINE\SYSTEM\CurrentControlSet\Services\W32Time\]的键值更改自动同步间隔以提高同步精度。

点击右键"修改"，选择"十进制"，输入合适的秒数，点击"确定"即可。

第 2 章　观测与记录

2.1　云

1. 基准站、基本站观测云量、云高，不观测云状，云高前不记录云属；一般站不进行云的观测。

> 1. 第 1 条摘自气测函〔2013〕321 号文件。
> 2. 云的目测包括总云量、低云量和云高的估测，均记整数。全天无云，云量记 0；天空完全为云所遮蔽，记 10；天空完全为云所遮蔽，但只要从云隙中可见青天，则记 10^-；天空有少许云（微量），其量不到天空的十分之零点五时，云量记 0。有中、低云时，应录入云高。

2. 因雪、雾、轻雾使天空的云量无法辨明或不能完全辨明时，总、低云量记 10，可完全辨明时，按正常情况记录。因霾、浮尘、沙尘暴、扬沙等视程障碍现象使天空云量全部或部分不能辨明时，总、低云量记"－"，若能完全辨明时，则按正常情况记录。

> 1. 第 2 条摘自《地面气象观测规范》(2003 版)。
> 2. 天空云量不可辨明时，地面观测业务软件（ISOS）中云高输"－"，地面观测业务软件（OSSMO）中输"×"，气簿—1 中统一记为"×"。

2.2　能见度

1. 人工观测能见度记录以千米（km）为单位，取一位小数，第二位小数舍去，不足 0.1 km 记 0.0。自动观测能见度记录以米（m）为单位，取整数。

> 1. 第 1 条摘自《地面气象观测规范》(2003 版)。
> 2. 人工观测能见度一般指有效水平能见度，具体是指四周视野中二分之一以上的范围能看到的目标物的最大水平距离。

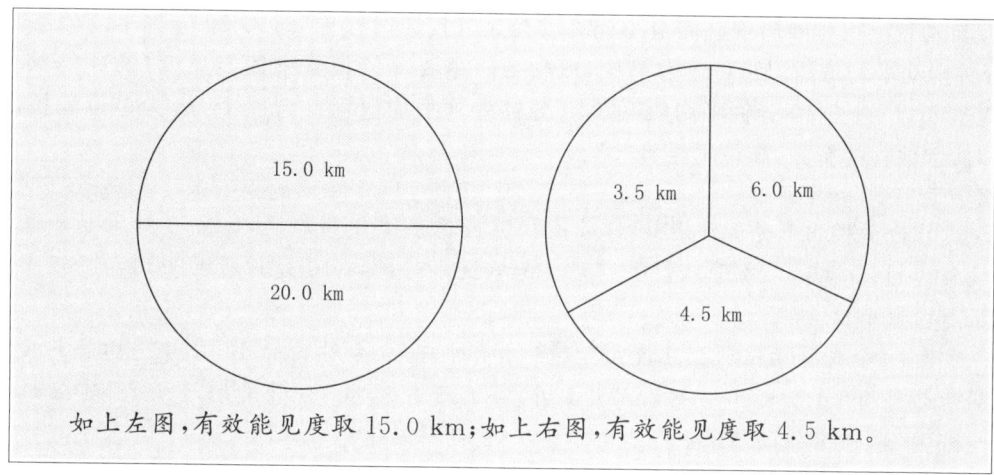

如上左图,有效能见度取15.0 km;如上右图,有效能见度取4.5 km。

2.最小能见度记录以米(m)为单位,取整数。

3.自动观测能见度数据有1分钟能见度值(瞬时值)和10分钟平均值两种。

> 1.第2条摘自《地面气象观测规范》(2003版);第3条摘自气测函〔2011〕194号文件。
> 2.1分钟能见度值:也称为瞬时值,每分钟输出一个数据,是1分钟采样数据的算术平均值。
> 3.10分钟能见度值:是在1分钟能见度值(瞬时值)基础上的10分钟平均,每分钟滑动更新一次。
> 4.最小能见度:10分钟平均能见度的最小值。
>
> | 时间(分) | 51 | 52 | 53 | 54 | 55 | 56 | 57 | 58 | 59 | 00 |
> |---|---|---|---|---|---|---|---|---|---|---|
> | 1分钟能见度值(m) | 2622 | 2597 | 2559 | 2649 | 2578 | 2601 | 2666 | 2675 | 2671 | 2707 |
>
> 上表中00分的"10分钟能见度值"是指51—00分这10分钟"1分钟能见度值"的算术平均值。即:
> (2622+2597+2559+2649+2578+2601+2666+2675+2671+2707)/10≈2633(m)

4.按《地面气象要素数据文件格式》要求,长Z文件中VV段的1分钟能见度为正点1分钟能见度值,10分钟能见度为正点10分钟平均值,最小能见度为小时内最小10分钟平均值,以米(m)为单位,取整数。CW段的能见度为正点前15分钟(46—00分)内的最小10分钟平均值,以千米(km)为单位,取一位小数,小数点后第二位及之后的数值直接舍去。

> 1.第4条摘自气测函〔2011〕194号文件。
> 2.如:08时长Z文件中的"1分钟能见度""10分钟能见度"分别对应08时00分的1分钟能见度值和10分钟能见度值;小时最小能见度从07时01分—08时00分的10分钟能见度中挑取最小值;CW段中的能见度从07时46分—08时00分的10分钟能见度中挑取最小值,以千米(km)为单位,取一位小数,小数点后第二位及之后的数值直接舍去。

5. 自动观测视程障碍现象的最小能见度为天气现象时段内"过去10分钟平均值"的最小"10分钟滑动平均值",以米(m)为单位,取整数。重要天气报告中的能见度(95VVV 编码组中的 VVV)以"过去10分钟平均值"的"10分钟滑动平均值"为准,以10 m 为单位编报,不足10 m 时,米数直接舍去,高位不足补"0"。

> 1. 地面观测业务软件(ISOS)对视程障碍现象综合判识是以10分钟滑动能见度作为判识依据,天气现象最小能见度是从现象时段内10分钟滑动平均能见度中挑取的最小值。
>
> 2. 10分钟滑动平均能见度:是指当前分钟前10分钟内的10分钟平均能见度的滑动平均值,又叫10分钟滑动能见度。如55分的"10分钟滑动能见度"是指46—55分这10分钟的"10分钟平均能见度值"的滑动平均值。
>
> 3. 例:22日18时27分—20时00分记录有雾,最小能见度的挑取方法是:把天气现象时段(18时27分—20时00分)的10分钟平均能见度再进行10分钟滑动平均,然后挑取最小值,假设挑取结果为19时46分—19时55分这10分钟平均能见度的10分钟滑动平均值,见下表:
>
> | 时间(分) | 46 | 47 | 48 | 49 | 50 | 51 | 52 | 53 | 54 | 55 | 合计 |
> |---|---|---|---|---|---|---|---|---|---|---|---|
> | 10分钟能见度值(m) | 487 | 484 | 477 | 461 | 452 | 462 | 471 | 475 | 474 | 482 | 4725 |
>
> 则最小能见度=4725/10≈472(m)。
>
> 如该日18时27分10分钟能见度的10分钟滑动平均值已小于750 m(如742 m),则18时27分将自动发出该日首份雾重要天气报 WP221027.CCC(CCC 为重要天气报的扩展名,一般为台站字母代码的后3位),"95VVV 957ww"两组编为"95074 95740"。
>
> 如该日19时48分10分钟能见度的10分钟滑动平均值已小于500 m(如496 m),则19时48分自动发出该日第二份雾重要天气报 WP221148.CCC,"95VVV 957ww"两组编为"95049 95741"。

2.3 天气现象

1. 天气现象类别

(1)《地面气象观测规范》定义了34种天气现象。

(2)当前保留观测和记录的有21种:雨、阵雨、毛毛雨、雪、阵雪、雨夹雪、阵性雨夹雪、冰雹、露、霜、雾凇、雨凇、雾、轻雾、霾、沙尘暴、扬沙、浮尘、大风、积雪、结冰。取消了13种:霰、米雪、冰粒、吹雪、雪暴、烟幕、雷暴、闪电、极光、飑、龙卷、尘卷风、冰针。其中,雪暴、霰、米雪、冰粒出现时,记为雪,这4种天气现象与雨同时出现时,记为雨夹雪。

> 1. 第(2)条款摘自气测函〔2013〕321号文件。
> 2. 天气现象按出现的先后顺序记录。
> 3. 记录起止时间的天气现象包括(15种)：雨、阵雨、毛毛雨、雪、阵雪、雨夹雪、阵性雨夹雪、冰雹、雾、雨凇、雾凇、沙尘暴、扬沙、浮尘、大风。
> 4. 不记起止时间的天气现象包括(6种)：轻雾、露、霜、积雪、结冰、霾。
> 5. 凡规定记起止时间的现象，当其出现时间不足一分钟即已终止时，则只记开始时间，不记终止时间。

2. 记录规定

(1) 已实现自动观测的天气现象每天24小时连续观测；未实现自动观测的天气现象白天(08—20时)保持人工连续观测，夜间(20—08时)现象应尽量判断记录，只记符号，不记起止时间。

(2) 夜间降水类天气现象应与降水量保持一致，避免出现有降水量但无降水现象的记录。

(3) 由于降水现象影响，人工观测能见度小于10.0 km，不必加记视程障碍现象；由于降水现象影响，自动观测能见度小于7.5 km，对误判的视程障碍现象，应在定时观测时次进行删除。

(4) 08时定时观测时，对夜间出现的所有天气现象按规定配合编报。如果只有一种现象编报"过去天气"，而又不能确定该现象是否占满过去一小时之前的整个时段时，按未占满处理，W_1编报该现象，W_2编报0。

(5) 已实现自动观测且正式业务运行的观测项目，其相关记录不再记入气簿—1。

> 1. 第(1)条款摘自《地面气象观测规范》(2003版)，第(2)条款摘自气测函〔2015〕45号文件，第(3)条款摘自气测函〔2005〕227号文件，第(4)条款摘自气测函〔2012〕26号文件，第(5)条款摘自气测函〔2013〕321号文件。
> 2. 天气现象正好出现在20时，不论该现象持续与否，均应记入次日天气现象栏；如正好终止在20时，则应记在当日天气现象栏。
> 如现象正好出现在08时，不论该现象持续与否，均应记入"白天"栏；如正好终止在08时，则记在"夜间"栏；如现象由夜间持续至08时以后，则按规定分别记入两栏。
> 3. 大风的起止时间，凡两段出现的时间间歇在15分钟或以内时，应作为一次记载；若间歇时间超过15分钟，则另记起止时间。如大风19时57分结束，次日20时03分又开始，按照15分钟内合并记录的原则，当日大风终止时间应记为20时00分，次日大风开始时间应记为20时00分。
> 4. 人工最小能见度是指最小有效水平能见度，以米(m)为单位，取整数。当霾、浮尘、沙尘暴、雾现象使能见度小于1.0 km时，应观测和记录最小能见度，记录加方括号"[ ]"。每一现象出现时，每天只记录一个最小能见度，根据其出现时段，记入相应的"夜间"栏或"白天"栏。能见度自动判识时，以下文3.(1)规定为准。
> 5. 降雹时应测定最大冰雹的最大直径，以毫米(mm)为单位，取整数。当最大冰雹的最大直径大于10 mm时，应同时测量冰雹的最大平均重量，以克(g)为单位，取整数，均记入纪要栏。

3. 视程障碍现象

（1）正式业务运行的能见度自动观测的台站，视程障碍现象由软件自动判识，取消该类天气现象人工观测。沙尘暴、雾、浮尘、霾现象自动能见度小于 0.75 km 时，每天每一种现象记录一个最小能见度。

（2）视程障碍现象自动判识的台站，扬沙、浮尘、轻雾、霾的能见度判识阈值为 7.5 km，沙尘暴、雾的能见度判识阈值为 0.75 km；能见度人工观测的台站，其判识阈值分别为 10.0 km 和 1.0 km。

（3）观测人员要参考上游天气状况、卫星云图及本地大气成分监测数据，结合本站地面气象观测数据对视程障碍现象进行综合判识。定时观测时次须对视程障碍现象自动判识结果、天气现象编码和连续天气现象进行人工确认。

（4）日数据文件中霾的记录

①霾现象自动观测的台站

a) 日内正点时次的现在天气现象（wwW_1W_2 中的 ww）为霾且持续 6 个（含）以上时次，则当日日数据文件连续天气现象段记霾；

b) 日内正点时次的现在天气现象（wwW_1W_2 中的 ww）为霾且持续记录不足 6 个时次，但 20 时日界前后达 6 个（含）以上时次，若日界前或日界后持续霾现象记录达 4 个（含）以上时次，则在相应日记霾；若日界前和日界后持续霾记录均为 3 个时次，只在日界前记霾。日界前后连续霾的记录处理如表 2.1。

表 2.1 日数据文件中日界前后霾的记录处理

时次	17	18	19	20	21	22	23	00	日界前	日界后
霾记录	√	√	√	√	√	√	√	√	√	
		√	√	√	√	√	√	√	√	
			√	√	√	√	√	√		√
	√	√	√	√	√	√	√		√	
	√	√	√	√	√	√			√	

c) 08 时白天与夜间时段霾的记录原则，参照 20 时跨日界情况处理。

d) 若某时次现在天气现象缺测，则该时次按无霾现象记录处理。

②对霾现象以人工判识为准的台站，日数据文件连续天气现象段记霾方法不变。

③由业务软件自动实现日数据文件连续天气现象段霾的记录，当正点数据文件的现在天气现象缺测或数据异常时，日数据连续天气现象段霾的记录以人工处理为准。

④A 文件中霾记录以日数据记录为准。

---

1. 第（1）条款摘自气测函〔2013〕321 号文件，第（3）、(4) 条款摘自气测函〔2015〕45 号文件。

2. 18—00 时连续 7 个时次的现在天气现象（wwW_1W_2 中的 ww）为霾，在日界后记录霾。

3. 若某日正点观测记录有霾，但日数据执行霾日算法后按无霾处理，则相关时次编发过的长 Z 文件和重要天气报均不做订正。

2.4 湿度

严格执行湿度传感器月维护制度,每月清洁保护罩,确保测量准确性。禁止触摸传感器感应部分,以免影响正常感应。每月维护情况应在气簿－1备注栏、MDOS元数据和ASOM月维护中记录。

> 1. 摘自气测函〔2015〕45号文件。
> 2. 安装自动站传感器的百叶箱不能用水洗,只能用湿布擦拭或毛刷刷拭,百叶箱内的温、湿传感器也不得移出箱外。
> 3. 冬季在巡视观测场时,要用毛刷小心地把百叶箱顶、箱内和壁缝中的雪和雾凇扫除干净。
> 4. 百叶箱内不得存放多余的物品。

2.5 降水

1. 安装新型自动气象站且同时配备翻斗式雨量传感器和称重式雨量传感器的台站,需同时挂接并实现数据同步采集。

2. 非结冰期,降水观测记录以翻斗式雨量传感器数据为准,称重式雨量传感器或备份自动站翻斗式雨量传感器数据为备份。无自动观测设备备份的台站,以人工雨量器为备份。

结冰期,降水观测记录以称重式雨量传感器数据为准,人工雨量器记录为备份;无称重式雨量传感器的台站,以人工观测记录为准。

> 台站需按省局统一规定的结冰期时间及时取消翻斗式雨量传感器的挂接。否则,省级MDOS系统会将称重式雨量传感器的小时值与翻斗式雨量传感器的分钟降水量合计值进行质控比较,如不一致则提示疑误信息。

3. 08时、20时定时降水量,有自动观测记录时,以自动观测数据为准;无自动观测记录时,以人工观测记录为准。

4. 各省(区、市)气象局观测业务主管机构,应根据本省降雪出现的平均时间和分布情况,统一要求提前启用称重式雨量传感器,同时停止翻斗式雨量传感器。

> 1. 第3条摘自气测函〔2013〕321号文件,第4条摘自气测函〔2011〕199号文件。
> 2. 地面观测业务软件(ISOS)定时降水量的统计规则:"台站参数"的"定时降水量"设置无论选择"自动"还是"人工",在降水量自动观测期间,"正点观测编报"中的6小时和12小时降水量均由自动观测数据自动统计得到。选择"自动"时,6小时降水量、12小时降水量只允许输入"00"或"—";选择"人工"时,6小时、12小时降水量可输入任意数值。其中,6小时降水量只允许在14时、20时定时观测时次修改,12小时降水量只允许在08时定时观测时次修改。

2.6 蒸发

1. 基准站、基本站进行蒸发观测,一般站不进行蒸发观测。
2. 降水期间,蒸发自动观测设备不加盖,为防止因降水过多发生溢流,守班期间应及时取水。
3. 非结冰期,蒸发自动观测且正式业务运行的台站不进行人工观测。
4. 冬季结冰期较长的台站,在冬季结冰时使用小型蒸发,与大型蒸发的切换时间应选在结冰开始和化冰季节的月末20时观测后进行;冬季结冰期很短或偶尔结冰的台站,按《地面气象观测规范》要求进行观测。

> 1. 第3条摘自气测函〔2013〕321号文件,第4条摘自气发〔2008〕491号文件。
> 2. 蒸发自动观测的台站,初次使用、重新启用或每三个月应设置蒸发溢流水位,并保证设置正确,具体设置方法详见《台站地面综合观测业务软件(ISOS)用户操作手册》。
> 3. 地面观测业务软件(ISOS)中溢流水位数值设置过小,会导致蒸发量长时间误为0。溢流水位数值设置过大,则会失去溢流报警的作用。如果设置错误,应重新设置。溢流水位正确设置后,当因降水使当前水位上升接近溢流水位时,软件会报警提示,值班员在守班期间应及时取水,如果当前水位达到或超过溢流水位,软件自动将该小时的蒸发修订为0。
> 4. 蒸发传感器维护期间,地面观测业务软件(ISOS)将蒸发观测数据置为"—",到达设定的维护结束时间时,自动结束该次维护,并输出之后的采集数据,故建议根据实际情况合理设置维护结束时间。

2.7 雪深雪压

1. 各省(区、市)气象局观测业务主管机构,应根据本省积雪出现的历史最早(晚)时间和分布情况,统一要求提前启用(停用)自动雪深传感器。

2.承担雪压观测且雪深自动观测的台站,根据雪深自动观测记录适时启动雪压观测,并在原人工观测地段观测雪压。

3.雪深观测记录,以厘米(cm)为单位,四舍五入取整数,扩大10倍录入;如1.4 cm录入10,1.5 cm录入20。

> 1.第1条摘自气测函〔2012〕278号文件,第2条摘自气测函〔2013〕321号文件。
>
> 2.《地面气象观测规范》(2003版)中规定雪深观测以厘米(cm)为单位,取整数;《技术规定》下发前降雪应急加密观测要求以厘米(cm)为单位,保留1位小数。现统一为以厘米(cm)为单位,取整数观测记录,地面观测业务软件中扩大10倍录入。
>
> 3.地面观测业务软件(ISOS)中,在08时(14或20时补测)定时观测时次需按照规定输入雪深雪压值,长Z文件的SP段雪深、雪压组数据格式同A文件一致;不输入雪深(压)值时,长Z文件的SP段编相应位数的"0"。
>
> 4.地面观测业务软件(OSSMO)中,雪深、雪压均为空时,长Z文件的SP段编相应位数的"0",有雪深、无雪压时,雪压编"///"。

2.8 电线积冰

1.电线积冰架安装在观测场外,选择观测场附近空旷、平整、适宜观测的场地,按《地面气象观测规范》(2003版)要求架设。

2.电线积冰架上的观测导线为直径26.8 mm的电缆。

3.有电线积冰观测任务的台站,应伺机测定每次积冰过程的最大直径和厚度,以毫米(mm)为单位,取整数。当所测的直径达到以下数值时,尚须测定一次积冰的最大重量,以克/米(g/m)为单位,取整数:

单纯的雾凇	38 mm
雨凇、湿雪冻结物或包括雾凇在内的混合积冰	31 mm

4.没有电线积冰观测任务的台站,当08时有雨凇(包括混合积冰)结成或留存,14、20时过去6小时内雨凇直径有增加时,在相应时次通过业务软件录入雨凇直径。估测直径方法:在开阔裸地上目测估计雨凇(包括混合积冰)厚度乘2后再加27作为雨凇直径,或从测站附近选取自身直径约27 mm的电缆、树枝、蔓茎等测量直径。

> 1.第1条摘自气测函〔2012〕264号文件,第2~3条摘自气测函〔2010〕253号文件,第4条摘自《地面气象电码手册》。
>
> 2.积冰直径≥积冰厚度≥27 mm。
>
> 3.一日中有积冰现象不一定有积冰记录,但有积冰记录时必须有对应的积冰现象。有积冰记录时,20时后须在地面观测业务软件中录入相应的观测资料。

2.9 辐射

1. 承担辐射观测任务的台站,辐射表夜间可不加盖,但应在北京时 08 时前检查直接辐射表跟踪(对光点)、散射辐射表感应面遮蔽和净全辐射表薄膜罩状况。
2. 若日极值出现时间恰为 24 时,对于辐射极值,一律记录为 24 时 00 分,其他要素记录为 24 时 00 分和 00 时 00 分均可。
3. 辐射观测站需配备高精度毫伏表(四位半),应定期检定。

> 1. 第 1 条摘自气测函〔2012〕26 号文件,第 2 条摘自气测函〔2005〕227 号文件。
> 2. 毫伏表应由县级(含)以上质量技术监督(或其授权)机构进行检定,并出具证书。

2.10 数据文件格式变更

1. 地面气象要素数据文件(长 Z 文件)
(1)基准站、基本站的长 Z 文件中,编报云量、云状和云状编码等记录按缺测处理;一般站的长 Z 文件中,总云量、低云量和编报云量、云高、云状以及云状编码等记录按缺测处理。
(2)云高、雪深自动观测设备已正式业务运行的台站,云高、雪深记录由业务软件自动写入长 Z 文件。

2. A 文件
(1)基准站的云量方式位采用 24 次定时观测方式,X=A;基本站的云量方式位采用 3 次定时观测方式,X=9;一般站不录入云相关记录。
(2)非自动观测的实测云高记录应保留,云高前的云属按缺测处理;自动观测的实测云高记录暂不录入。
(3)A 文件中降水量的方式位 X=6。有自动观测记录时,第 1 段定时降水量用自动观测数据代替,第 2 段自动降水量不变,第 3 段降水上下连接值以自动降水量为准。

3. Y 文件
基准站、基本站日平均云量、云量量别日数按照 08、14、20 时 3 次定时观测记录值统计;一般站不录入云相关记录。

4. A 文件、Y 文件附加信息中"观测时间"的内容记录
(1)基准站为:
10/05/08;11;14;17;20
10/24/24 小时连续观测
(2)基本站、一般站为:
10/03/08;14;20
10/24/24 小时连续观测

> 1. 第1～4条摘自气测函〔2013〕321号文件。
> 2. 能见度采用自动观测时,其方式位 X=B。

2.11 异常记录处理

1. 异常记录处理原则

(1)白天正点记录异常时,定时观测时次的记录应及时处理,其他正点时次的记录应在下一定时观测前完成修改、上传。

夜间正点记录异常时,应在当日10时前完成修改、上传。若夜间异常数据影响到08、09时记录时,应在10时前对08、09时相应记录进行修改、上传。

> 1. 第(1)条款摘自气测函〔2013〕321号文件。
> 2. 根据异常记录处理原则,守班期间如需用正点后10分钟内数据代替时,当正点后10分钟内有效数据采集完成后,需尽快进行相关处理。
> 3. 需用定时观测数据做内插处理时,可在定时观测数据文件上传后,再将处理后的正点数据文件重新上传。
> 如:某日13时本站气压需用12时和14时的正点观测记录内插值代替时,可在14时定时观测完成并保存上传后,再对13时本站气压内插处理,重新上传13时正点数据文件。

(2)已实现自动观测的气温、相对湿度、风向、风速、气压、地温、草温记录异常时,正点时次的记录按照正点前10分钟内(51—00分)接近正点的正常记录、正点后10分钟内(01—10分)接近正点的正常记录、备份自动站记录、内插记录的顺序代替。其中,风向、风速异常时,均不能内插,瞬时风向、瞬时风速异常时按缺测处理。

(3)无自动记录可代替时,仅在定时观测时次正点后10分钟内,对气温、相对湿度、风向、风速、气压、降水、能见度、地温(草温除外)进行人工补测,其他时次按缺测处理;若某要素人工观测仪器已按规定撤除或超过正点后10分钟,则该要素不再人工补测。

> 1. 第(2)条款摘自气测函〔2015〕45号文件,第(3)条款摘自气测函〔2015〕45号文件、《地面气象观测规范》(2003版)。
> 2. 能见度、2分钟风向风速因设备故障无数据时,需在定时观测时次对其目测。

(4)连续两个或以上正点数据缺测时,不能内插,仍按缺测处理。内插可以跨日界。

(5)任何观测要素分钟数据异常时均缺测处理,不内插,不用备份自动站记录代替。因分钟数据异常造成加密数据文件错误时,加密数据文件不做订正处理。

> 1. 第(4)条款摘自气测函〔2005〕227号文件，第(5)条款摘自气测函〔2013〕321号文件。
> 2. 对于降水，若因某时段降水资料异常而影响"15时段年最大降水量"及相应的开始时间挑选时，如果相应时段的备份自动站降水资料正常，需将备份自动站挑取的"降水量、出现次数和开始时间"替换到现用站的年报表中。

(6) 自动站每小时正点数据与该正点时的分钟数据不一致时，一般维持原记录。对前后记录分析，若确认正点数据有误，可用该正点的分钟数据代替；若确认正点的分钟数据有误，可用正点值代替。

(7) 4次平均值和24次平均值可以互相代替。

(8) 自动站（或自记）降水量、日照时值有缺测时，或自动站蒸发量、辐射曝辐量时值连续缺测两小时及以上时，日总量均按缺测处理。

> 1. 第(6)~(8)条款摘自气测函〔2005〕227号文件。
> 2. 日照时数全天缺测时，若全日为阴雨天气，则日照时数日合计栏记"0.0"。否则，该日日照时数按缺测处理，日合计栏记"—"。
> 3. 日照计安装不正确将导致日照记录"失真"。在实际工作中，可用晴朗无云日子里的感光迹线来检查仪器的安装情况。
> 4. 仪器方位安装不正确时感光迹线的表现形式：
> (1) 北端偏西时，冬半年上午MT长，下午MT短，夏半年上午MT短，下午MT长；
> (2) 北端偏东时，冬半年上午MT短，下午MT长，夏半年上午MT长，下午MT短。
> 5. 日照计南北方向不水平或安装纬度不正确时，春秋分这一天的感光迹线不是一条直线。
> (1) 底座北高南低或安装纬度大于当地实际纬度，感光迹线偏南；
> (2) 底座南高北低或安装纬度小于当地实际纬度，感光迹线偏北。

(9) 天气现象自动观测（或判识）结果存疑时，应结合天气实况人工判定。

(10) 应在备注栏注明异常记录的处理情况，并在MDOS中填报。

2. 具体要素的异常处理

(1) 气温和湿度

① 气温或相对湿度为替代值时，水汽压和露点温度均需反查求得。

> 1. 第①条目摘自气测函〔2015〕45号文件。
> 2. 替代值包括：分钟数据替代值、备份站替代值、人工补测值、内插值。
> 如：某时次气温值20.0℃，相对湿度80%，需要反查水汽压和露点温度时，可利用地面观测业务软件（ISOS）"工具"菜单中的"要素计算"。在干球温度数据栏输入200，湿球温度数据栏输入80U，点击"计算"按钮，即可求得对应的水汽压和露点温度。

②自动站相对湿度缺测或异常,需要人工补测时:

a) 若自动站观测的气温＜－10.0℃,则用毛发湿度表进行补测,水汽压、露点温度用自动站气温和经过订正后的毛发湿度表读数反查求得。

b) 若自动站观测的气温≥－10.0℃,需同时观测干球和湿球温度,用以计算水汽压、相对湿度及露点温度。此时不用考虑干球温度是否＜－10.0℃。

> 1. 第②条目摘自气测函〔2005〕227号文件。
> 2. 自动站相对湿度缺测或异常而温度正常,需用干湿球温度计算后的相对湿度与自动站气温进行反查,求取水汽压和露点温度。
> 3. 冬季偶有几次气温＜－10.0℃的地区,可用干、湿球温度表进行观测。

(2) 气压

自动站本站气压缺测,用备份自动站记录代替或人工补测时,若感应部分高度不一致,应将代替或补测的本站气压订正到现用自动站气压传感器的高度上来,再以此计算海平面气压。

> 1. 第(2)条款摘自气测函〔2005〕227号文件。
> 2. 正点本站气压值修改后,如有当前时次和前12小时这两个时次的气温数据,地面观测业务软件会自动重新计算海平面气压。
> 3. 如两套站气压传感器的海拔高度不同,当现用自动站本站气压异常,用备用自动站本站气压代替时需进行高度差订正。
>
> 本站气压高度差订正公式:$\Delta P = P_1(e^{-0.03415\Delta h/T_1} - 1)$
>
> 气压传感器海拔高度差:$\Delta h = h_2 - h_1$
>
> 温度值:$T_1 = t + 273.15$
>
> ΔP 为本站气压高度差订正值(hPa);
>
> P_1 为备用站本站气压(hPa);
>
> T_1 为备用站气温值(K,绝对温度);
>
> t 为备用站气温值(℃);
>
> h_2 为现用站海拔高度值(以 m 为单位,取1位小数);
>
> h_1 为备用站海拔高度值(以 m 为单位,取1位小数)。
>
> Δh 为正时,ΔP 为负;Δh 为负时,ΔP 为正。

(3) 降水

①自动观测降水量记录异常时的代替原则

a) 非结冰期,降水量观测以翻斗式雨量传感器记录为准,记录按照称重式雨量传感器、备份自动站翻斗式雨量传感器顺序代替。无自动观测备份设备时应及时启用人工补测。

b) 结冰期,用人工观测记录代替。

②降水量记录异常处理

a) 若无降水现象,因其他原因(昆虫、风、沙尘、树叶、人工调试等)或自动站故障造成多余记录时,应删除该时段内的全部分钟和小时降水量。该情况在值班日记中说明。

b) 降水现象停止后,仍有降水量,若能判断为滞后(量一般为 0.1、0.2、0.3 mm,且滞后时间不超过 2 小时),可将该量累加到降水停止的那分钟和小时时段内,否则将该量删除。夜间(20—08 时)能够判断为滞后降水的,按前述处理;无法判断的,按正常处理。

　　c) 称重式雨量传感器在降水过程中,伴随有沙尘、树叶等杂物时,按正常降水记录处理;液态降水溢出或固态降水堆至口沿以上,或降水过程中取水,该时段降水按缺测处理。

　　d) 称重式雨量传感器承水口内沿堆有积雪或雨凇时,应及时清理到收集容器内。由此产生的异常数据,若能判断降水结束时间的,加入到降水结束的时次,该时次降水时段内的分钟数据按缺测处理;不能判断降水结束时间的,加入到有降水量的最后一个时次,该时次内分钟数据按缺测处理。

　　e) 当降水量观测以翻斗式雨量传感器记录为准,出现漏斗堵塞、非随降随化的固态降水等情况时,如果没有自动观测记录可代替,但有人工记录:

　　若翻斗式雨量记录的过程总量与人工雨量筒观测量的差值百分率与其他正常时次相当,则按正常处理;

　　若翻斗式雨量记录的降水量明显偏小或滞后严重,该时段的分钟和小时降水量按缺测处理,定时降水量用人工观测记录代替。

　　上述情况应在发现后及时处理,如果影响了后续时次的降水量统计,也要对受影响的时次进行处理。

> 1. 第①条目摘自气测函〔2013〕321 号文件;第②条目 a)、b)、e)点摘自气测函〔2005〕227 号文件;第②条目 c)点摘自气测函〔2011〕199 号文件。
>
> 2. 如降雪时间为 10 时 02 分—12 时 45 分,且 12 时 10 分出现 0.1 mm 降雪。13 时 30 分巡视仪器时发现称重式雨量传感器承水口内沿堆有积雪,13 时 31 分将内沿堆积的雪收集到容器内。若收集的雪量≤0.3 mm,应参照滞后降水的规定处理,即非降水时段 13—14 时和 13 时 31 分的降水量置空,13 时 31 分的雪量累加到降水停止的 12 时 45 分;若收集的雪量>0.3 mm,则非降水时段的 13—14 时和 13 时 31 分降水量置空,该雪量加到 12—13 时小时降水量中,12 时 01 分—12 时 45 分的分钟降水按缺测处理。
>
> 3. 如 05 时 05 分出现 0.1 mm 降水,07 时 30 分巡视仪器时发现称重式雨量传感器承水口内沿有雨凇结成,07 时 35 分将内沿的雨凇收集到容器内,产生了 0.4 mm 降水。因无法判断降水结束时间,则将 07—08 时和 07 时 35 分的降水量置空,07 时 35 分的 0.4 mm 降水加到 05—06 时小时降水量中,05 时 01 分—06 时 00 分的分钟降水按缺测处理。

③随降随化的固态降水按正常情况处理。

(4)风

2 分钟与 10 分钟平均风有缺测时,不能相互代替。

1. 第(4)条款摘自气测函〔2005〕227号文件。

2. 地面观测业务软件(ISOS)形成的长Z文件中瞬时风速为1分钟风速极大值；J文件中风的分钟资料为2分钟平均风向风速。地面观测业务软件(OSSMO)形成的J文件风的分钟观测资料为1分钟平均风向风速。

3. 正点风向风速异常，按照正点前10分钟、正点后10分钟、备份自动站记录的顺序代替，以上记录均不可用时，具备补测条件的台站应在定时观测时次进行人工补测，人工观测仪器已撤除的台站需目测2分钟风向风速，其他风数据按缺测处理。

估测风力主要根据风对地面或海面物体的影响而引起的各种现象，按风力等级表估计风力共分13级(0～12级)，并记录其相应风速的中数值，风向按八个方位估计。

4. 需用正点前、后10分钟记录代替时，用以代替正点2分钟(10分钟)平均风的分钟数据必须为有效数据，即从拟代分钟数据开始，之前2分钟(10分钟)内的数据均正常可用。

如：风传感器夜间故障，从08时00分开始恢复正常，则08时正点2分钟风用08时01分数据代替，10分钟风用08时09分数据代替。

5. 正点风向风速缺测时，不能用前、后两时次正点数据内插求得。

6. 风速记录缺测但有风向时，则风向亦按缺测处理；有风速而无风向时，则风速照记，风向记"—"。

7. 正点2分钟(10分钟)风向风速用正点前后10分钟记录代替时，优先考虑用风向风速皆有的分钟数据代替，否则只把接近正点的风速分钟数据代替为正点2分钟(10分钟)风速，此时风向按缺测处理；当正点风速经代替后的值≤0.2时，风向应记为"C"。

8. 正点瞬时风向风速异常时，按缺测处理；地面观测业务软件分别从小时内10分钟风、瞬时风中自动挑取最大风、极大风数据，当最大(极大)风数据缺测或自动挑取值不正确或挑取在非有效时段时，应手动查询，然后在"正点观测编报"页面的风数据栏中录入相关资料。

时次	要素	51分	52分	53分	54分	55分	56分	57分	58分	59分	00分
03—04时	2分钟风速(m/s)	22	33	30	25	28	31	29	27	28	—
	2分钟风向(°)	88	90	91	87	87	84	86	89		
04—05时	10分钟风速(m/s)	18	17	—	16	17	18	16	17		
	10分钟风向(°)	90	92	94	92	93	95	98	95	97	
05—06时	2分钟风速(m/s)	—	—	3	3	3	2	3			
	2分钟风向(°)	57	59	—							

注：正点2分钟和10分钟风向风速用正点后相应数据代替时，需考虑异常数据的实际情况。

> 上表中04时2分钟风向风速用58分的数据代替；05时10分钟风向风速用58分的数据代替，04—05时最大风向风速从01—52分（均正常）、54—58分的10分钟风向风速数据中挑取；06时2分钟风速用56分的风速代替，2分钟风向记为"C"。

（5）蒸发

①因降水（蒸发桶溢流等）或维护导致小时蒸发量异常，则按0处理。

②设备故障时，若备份自动站记录正常，小时蒸发量用备份自动站记录代替。无备份自动站时，若只缺测1小时，该时次内插处理；若连续缺测2小时及以上，相应时次作缺测处理。

③设备故障短期无法修复时，应及时恢复人工观测，蒸发降水量用自动（人工）降水记录代替。

> 1. 第①～③条目摘自气测函〔2015〕45号文件。
> 2. 因维护可能导致连续两个或以上时次蒸发异常，此时不能进行内插，为简化处理，故维护期间的蒸发按0处理。
> 3. 结冰期仍采用大型蒸发观测的台站，当遇结冰时，在日合计栏中输入"B"，月末、年末蒸发器内结有冰盖时，应沿着器壁将冰盖敲离，使之呈自由漂浮状后，仍按非结冰期的要求，测定自由水面高度，在月末（年末）最后一天的日合计栏中输入观测值。
> 4. 自动观测大型蒸发结冰时，新型站软件在19—20时栏输入"B"，该日各时蒸发和合计值自动记为"B"，长Z文件中记录为3位的"，，，"；Ⅰ（Ⅱ）型站在逐小时中均录入"B"，日合计自动记为"B"，长Z文件中记录为3位的"///"。
> 5. 若采用小型蒸发器进行观测，因降水或其他原因，致使蒸发量为负值时，记0.0。

④自动蒸发日合计缺测用人工观测的日蒸发量代替时，把日蒸发量记录在19—20时，ISOS业务软件中其他时次为"—"，OSSMO软件中其他时次为空。

> 自动蒸发部分时次有正常记录但日合计值需用人工观测记录代替时，将人工观测记录输入业务软件的"合计"栏中。

（6）能见度

①能见度自动观测的台站，当视程障碍现象自动判识出现明显错误时，仅对定时时次的天气现象记录进行人工订正，能见度记录仍以自动观测为准，允许自动能见度记录与该类天气现象不匹配。

②当能见度设备故障或数据异常，非定时观测时次的正点数据中所有能见度数据均按缺测处理；定时观测时次进行人工补测，人工观测值存入长Z文件CW段能见度和VV段10分钟平均能见度，其他VV段自动能见度数据按缺测处理；A文件中使用人工观测值。

> 1. 第①条目摘自气测函〔2013〕321号文件,第②条目摘自气测函〔2015〕45号文件。
> 2. 因已取消的吹雪、雪暴、烟等现象导致误判的视程障碍现象,按第①、②条目处理。

③能见度自动记录缺测时不做内插处理,不用正点前后10分钟接近正点的记录代替。

(7)云

人工观测云量与自动观测云高记录矛盾时,仅对定时观测时次记录进行处理,有云量无云高时,维持原记录;无云量有云高时,删除云高记录。

(8)雪深

①雪深自动观测设备出现故障时,守班期间按人工观测方式观测。

②雪深自动观测记录与积雪现象不匹配时,仅对定时观测时次记录进行处理,有积雪无雪深时,维持原记录;无积雪有雪深时,删除雪深记录,同时清理采样区残留积雪。

(9)辐射

①若在日出后第2个小时至日落前2个小时之间(当为阴天或地面有积雪反射辐射很强时除外)净辐射值出现负值,或日落后至日出前净辐射出现正值,当时曝辐量的绝对值>0.10时,可将该时的值作缺测处理,再用内插法求得该时值;若在日落之后和日出之前有总辐射、直接辐射、散辐辐射、反射辐射,则将其置空处理。

②若记录之间有矛盾,但不是很突出或不能判断是何要素有明显错误,则维持原记录;若能判断某要素有明显错误时,则先将该要素的记录值按缺测处理,再按记录缺测时的处理规定对该记录进行处理。当出现水平面直接辐射等于或大于垂直于太阳面的直接辐射时,维持原记录。

③辐射记录的时曝辐量缺测时,若无正点辐照度值,可用内插法求得,此时对于跨日出、日落的时次(包括前后两时次),应按梯形法进行内插。

> 第(7)条款、第(8)条款的第②条目均摘自气测函〔2013〕321号文件;第(9)条款的①~③条目摘自气测函〔2005〕227号文件。

3. 时极值的异常处理

某时次的气温、相对湿度、风速、气压、地温、草温(雪温)因分钟数据异常而影响时极值挑取时,时极值应从本时次正常分钟实有记录和经处理过的正点值中挑取。

(1)若极值从本时次正常分钟实有记录中挑得,则极值和出现时间正常记录。

(2)若极值为经处理过的正点值,且该正点值为正点后10分钟内的代替数据、备份站正点记录、前后时次内插值或人工补测记录值,则极值出现时间记为正点00分。

(3)不能从以上记录中挑取时,时极值按缺测处理。

1. 第(2)条款摘自气测函〔2015〕45号文件。
2. 自动观测能见度因分钟数据异常而影响时极值挑取时,时极值按缺测处理。
3. 日极值异常记录处理:
日极值从各时极值(包括经处理过的时极值)中挑取。
若某时极值缺测,则日极值从实有的各时极值中挑取。
时极值处理正常后,则不会出现日极值不正常的情况。

第 3 章　气象报告

所有地面气象观测站只编发重要天气报告。

3.1　天气现象电码

现在天气现象电码表(表 3.1)00～99 电码中不用的现在天气现象电码有:01、02、03、04、08、11、12、13、17、18、19、29、36、37、38、39、76、77、78、79、87、88、91～99。

过去天气现象电码表(表 3.2)中不用的过去天气现象电码:9。

> 1. 长 Z 文件 CW 段通过天气现象电码(包括现在天气现象电码 ww 和过去天气现象电码 W_1W_2)反映天气状况,过去天气必须与现在天气配合编码,使之尽可能完善地反映过去天气描述时间周期内出现的各种天气现象。
>
> 2. 现在天气现象指过去 1 小时内出现的所有天气现象,现在天气现象电码 ww 根据天气现象的性质、强度(及其变化)、出现时间和地点等,从现在天气现象电码表(表 3.1)中选用最合适的电码编报。若临近正点前又出现了更严重的天气现象,有关项目需要补测改报。
>
> 3. 过去天气现象电码 W_1W_2 从过去天气现象电码表(表 3.2)中选用最合适的电码编报。
>
> 4. 时段规定:
>
> 过去天气描述时间周期是前一次定时观测到本次定时观测的时段,不同类型测站在不同的定时时次,其包含时段有差别,有"过去 3 小时""过去 6 小时""过去 12 小时"三种。
>
> "过去天气描述时间周期"="过去 1 小时"+"过去 1 小时前"
>
> "过去 1 小时"="观测时"+"观测前 1 小时"
>
> 以 08 时为例,对各观测时段解释说明:
>
> "过去 12 小时":前 1 日 20:00—08:00(包括 08:00,不包括 20:00,实际为 20:01—08:00,下同)
>
> "过去 1 小时前":前 1 日 20:00—07:00
>
> "过去 1 小时":定时观测所在的 1 小时,07:00—08:00
>
> "观测时":定时观测的 15 分钟,07:45—08:00
>
> "观测前 1 小时":定时观测前 45 分钟,07:00—07:45
>
> 所有测站 08 时过去时间段均指"过去 12 小时"。

5. 不同类别测站在定时观测时次所对应的各时间段

时次	测站类别	过去1小时（ww）		过去1小时前 (W_1W_2)	过去天气描述时间周期
		观测时	观测前1小时		
08时	基准站 基本站 一般站	07:45—08:00	07:00—07:45	20:00—07:00	过去12小时 20:00—08:00
11时	基准站 基本站	10:45—11:00	10:00—10:45	08:00—10:00	过去3小时 08:00—11:00
14时	基准站 基本站 一般站	13:45—14:00	13:00—13:45	08:00—13:00	过去6小时 08:00—14:00
17时	基准站 基本站	16:45—17:00	16:00—16:45	14:00—16:00	过去3小时 14:00—17:00
20时	基准站 基本站 一般站	19:45—20:00	19:00—19:45	14:00—19:00	过去6小时 14:00—20:00

注：除表中5个定时时次外，在其他正点观测时次，只考虑过去1小时的天气现象，不考虑过去1小时前的天气现象。即只编现在天气现象ww码，过去现象W_1和W_2均编为缺测。

6. 现在天气现象ww编报原则

(1) 如果现在天气现象可以用几个码来编报时，一般应选择其中最大的一个码编报，但是28应比40优先选用。

(2) 当观测时15分钟内先后出现两种或两种以上现象时，尽量合并选码，不能合并选码的，则按大码的原则编报。

"合并选码"是考虑到有些伴见天气现象常间断出现，为便于编报而作的特殊规定。但是必须注意，毛毛雨夹雨（雪）、雨夹雪（包括阵性）、雨（毛毛雨、雾）并有雨（雾）凇结成等，必须是两种现象同时出现，才能选报有关电码。

(3) 有些天气现象编报时需区分强度。强度分为小（轻）、中常、大（浓、强）三级，根据观测时的降水情况或有效能见度参照天气现象强度电码表（表3.4）进行判定。

① 毛毛雨并有雨凇结成（电码56、57）、雨并有雨凇结成（电码66、67）的强度，分别按毛毛雨或雨的强度判定。

② 毛毛雨夹雨（电码58、59）、毛毛雨夹雪或雨夹雪（电码68、69、83、84）的强度，按其中主要现象的强度判定。

③ 当毛毛雨、雪与雾同时存在时，可由观测员灵活处理，一般不必区分毛毛雨、雪单独对能见度的影响，可用实际有效能见度确定毛毛雨、雪的强度；但如明显为雾中零星小雪或轻毛毛雨时，ww亦可编报70、71或50、51。

(4) 地面观测业务软件根据一定的规则，编报现在天气现象电码，由于不能获取天气状况的全部信息，其编码可能与天气实况不符，值班员可根据天气实况进行修改。

①对于降水现象,默认编为表示间歇性现象的电码(50、52、54、60、62、64、70、72、74)。

②视程障碍现象自动判识时,雾默认编为表示天空可辨的电码(42、44、46、48)。

③地面观测业务软件(ISOS)按以下规则对天气现象强度进行判识:

a)能见度自动观测时,以自动观测能见度为准对沙尘暴、毛毛雨、雪、阵雪的强度进行判断。

b)对雨和阵雨的强度,主要根据观测时段(46—00 分)的降水量大小进行区分,其编码参考标准为:

小雨:观测时段降水量≤0.5 mm;(电码:60;80)

中雨:0.5 mm<观测时段降水量≤2.0 mm;(电码:62;81)

大雨:观测时段降水量>2.0 mm。(电码:64;82)

c)对无法自动判断强度的雨夹雪、阵性雨夹雪、冰雹默认按小强度编报(68;83;89)。

7. W_1W_2 与 ww 的配合编报规定

(1)W_1W_2 的编报应按照过去天气现象电码表(表3.2)的划分,从 ww 电码所对应的 W_1W_2 码之外的其他码(0 码除外)中选报。

(2)有两个或两个以上码可供选报 W_1、W_2 码时,须以其中码数最大的编报 W_1,次大的编报 W_2。

(3)只有另一种天气现象可编报 W_1、W_2 码时,如果 ww 所编报的天气现象开始出现在过去 1 小时以前,应重复编报此现象。此时,应从此现象和另一种现象中选电码大的编报 W_1,小的编报 W_2。

如果 ww 所编报的天气现象只出现在过去 1 小时以内,就不再重复编报它,而以另一种现象编报为 W_1;至于 W_2 的编报,要看该现象持续的时段而定。如果 W_1 码现象持续占满过去 1 小时之前的整个时段(间歇性或阵性降水等现象的固有间断应看作持续存在),则 W_2 重复编报 W_1 码(即 $W_1 = W_2$);如果 W_1 码现象未持续占满过去 1 小时之前的整个时段,则 W_2 编报 0。

08 时定时观测时,如果只有一种现象编报"过去天气",而又不能确定该现象是否占满过去 1 小时之前的整个时段时,按未占满处理,W_1 编报该现象,W_2 编报 0。

(4)过去天气时段内只出现 ww 所编报的一类现象时,如果这类现象只出现在过去 1 小时以内,则 W_1W_2 编报 00。如果这类现象出现在过去 1 小时以前,就用它编报 W_1;至于 W_2 的编报,要看这类现象是否持续占满过去 1 小时以前的整个时段而定。

现在天气现象电码如表 3.1;过去天气现象电码如表 3.2;天气现象编码符号如表 3.3;天气现象强度电码如表 3.4。

表 3.1　现在天气现象电码表

	电码	现在天气现象
	00	过去 1 小时内没有出现规定要编报 ww 的各种天气现象
霾、尘、沙	05	观测时有霾
	06	观测时有浮尘,广泛散布的浮在空中的尘土,不是在观测时由测站或测站附近的风所吹起来的
	07	观测时由测站或测站附近的风吹起来的扬沙或尘土,但还没有发展成完好的沙尘暴;或飞沫吹到观测船上
	09	观测时视区内有沙尘暴,或者观测前 1 小时内测站有沙尘暴
观测时有轻雾	10	轻雾
观测时在视区内出现的天气现象	14	视区内有降水,没有到达地面或海面
	15	视区内有降水,已经到达地面或海面,但估计距测站 5 千米以外
	16	视区内有降水,已经到达地面或海面,在测站附近,但本站无降水
观测前一小时内测站有降水、雾,但观测时没有这些现象	20	毛毛雨
	21	雨
	22	雪
	23	雨夹雪
	24	毛毛雨或雨,并有雨凇结成
	25	阵雨
	26	阵雪,或阵性雨夹雪
	27	冰雹(伴有或不伴有雨)
	28	雾
观测时有沙尘暴	30	轻的或中度的沙尘暴,过去 1 小时内减弱
	31	轻的或中度的沙尘暴,过去 1 小时内没有显著的变化
	32	轻的或中度的沙尘暴,过去 1 小时内开始或增强
	33	强的沙尘暴,过去 1 小时内减弱
	34	强的沙尘暴,过去 1 小时内没有显著的变化
	35	强的沙尘暴,过去 1 小时内开始或增强
观测时有雾	40	观测时近处有雾,其高度高于观测员的眼睛(水平视线),但观测前 1 小时内测站没有雾
	41	散片的雾
	42	雾,过去 1 小时内已变薄,天空可辨明
	43	雾,过去 1 小时内已变薄,天空不可辨
	44	雾,过去 1 小时内强度没有显著的变化,天空可辨明
	45	雾,过去 1 小时内强度没有显著的变化,天空不可辨
	46	雾,过去 1 小时内开始出现或已变浓,天空可辨明
	47	雾,过去 1 小时内开始出现或已变浓,天空不可辨
	48	雾,有雾凇结成,天空可辨明
	49	雾,有雾凇结成,天空不可辨

续表

	电码	现在天气现象
观测时测站有毛毛雨	50	间歇性轻毛毛雨
	51	连续性轻毛毛雨
	52	间歇性中常毛毛雨
	53	连续性中常毛毛雨
	54	间歇性浓毛毛雨
	55	连续性浓毛毛雨
	56	轻的毛毛雨,并有雨凇结成
	57	中常的或浓的毛毛雨,并有雨凇结成
	58	轻的毛毛雨夹雨
	59	中常的或浓的毛毛雨夹雨
观测时测站有非阵性的雨	60	间歇性小雨
	61	连续性小雨
	62	间歇性中雨
	63	连续性中雨
	64	间歇性大雨
	65	连续性大雨
	66	小雨,并有雨凇结成
	67	中雨或大雨,并有雨凇结成
	68	小的雨夹雪,或轻毛毛雨夹雪
	69	中常的或大的雨夹雪,或中常的或浓的毛毛雨夹雪
观测时测站有非阵性固体降水	70	间歇性小雪
	71	连续性小雪
	72	间歇性中雪
	73	连续性中雪
	74	间歇性大雪
	75	连续性大雪
观测时测站有阵性降水	80	小的阵雨
	81	中常的阵雨
	82	大的阵雨
	83	小的阵性雨夹雪
	84	中常或大的阵性雨夹雪
	85	小的阵雪
	86	中常或大的阵雪
	89	轻的冰雹,伴有或不伴有雨或雨夹雪
	90	中常或强的冰雹,伴有或不伴有雨或雨夹雪

表 3.2　过去天气现象电码表

电码	天气现象	对应的 ww 电码
0	部分或整个时段内无 3~8 码的各种天气现象	00
3	沙尘暴	09,30~35
4	雾	28,42~49
5	毛毛雨	20,24,50~59
6	非阵性的雨	21,24,58~67
7	非阵性的固体降水或混合降水	22,23,68~75
8	阵性降水	25~27,80~86,89,90

注：①ww 电码 24、58、59 分别对应两个 W_1W_2 码；
②W_1W_2 电码不编报《现在天气现象电码表》中 ww 电码 05~08、10、14~16、40、41 所表示的天气现象。

表 3.3　21 种天气现象编码符号表

现象名称	编码	符号	现象名称	编码	符号
露	01	⌒	雾凇	48	V
霜	02	⊔	毛毛雨	50	,
结冰	03	H	雨凇	56	∽
霾	05	∞	雨	60	•
浮尘	06	S	雨夹雪	68	✳
扬沙	07	$	雪	70	✳
轻雾	10	=	阵雨	80	▽
大风	15	F	阵性雨夹雪	83	✳
积雪	16	⊠	阵雪	85	✳
沙尘暴	31	S	冰雹	89	△
雾	42	≡			

表 3.4　天气现象强度电码表

天气现象及特征		天气现象强度		
		小（轻）	中常	大（浓、强）
沙尘暴	能见度	0.5 km≤VV<1 km（人工） 0.5 km≤VV<0.75 km（自动）		VV<0.5 km
	电码	30;31;32		33;34;35
毛毛雨、雪、阵雪	能见度	VV≥1 km	0.5 km≤VV<1 km	VV<0.5 km
	电码	50;51;70;71;85	52;53;72;73;86	54;55;74;75;86
冰雹	现象特征	仅有少数雹粒可见，地面不显累积。	降速中常，地面稍见累积。	大量下降，迅速累积于地面。
	电码	89	90	90

续表

天气现象及特征		天气现象强度		
		小（轻）	中 常	大（浓、强）
雨、阵雨	现象特征	雨点清晰可辨,没有飘浮现象;下到地面石板或屋瓦不四溅,地面泥水浅注形成很慢,降后两分钟以上始能完全滴湿石板或屋瓦,屋上雨声缓和,屋檐只有滴水。	雨落如线,雨滴不易分辨;落硬地或屋瓦上即四溅;水注泥潭形成很快,屋上有晰晰沙沙的雨声。	雨降如倾盆,模糊成片,落到屋瓦和硬地上四溅高达数寸,水潭形成极快,能见度大减,屋上雨声如擂鼓,作哗哗的喧闹声。
	观测时段降水量	R≤0.5 mm	0.5 mm<R≤2.0 mm	R>2.0 mm
	电码	60;61;80	62;63;81	64;65;82

3.2 重要天气报

1. 编发项目

大风、龙卷、冰雹、雷暴和视程障碍现象（霾、浮尘、沙尘暴、雾）。

雷暴、龙卷两种现象,记录在值班日记中,作为编发的依据。

2. 电码形式

0 段　　（WS）　　$GGggW_0$　　　IIiii

1 段　　$911f_xf_x$　　915dd　　$919M_wD_a$　　939nn　　94917　　95VVV　　957ww

2 段　　555//

0 段为必报段。每份重要天气报告都必须编报本段。

1 段为统一资料段。当观测到上述现象达到发报标准时,应编报本段有关电码组,其他组省略不报。

2 段为补充资料段。段内各省（区、市）规定的重要天气项目的发报标准、发报方式和时次自行确定。

当1段或2段没有应编报的资料时,整段省略不报。

重要天气报电码形式如表3.5。

表 3.5　重要天气报电码形式表

电码组	释义
（WS）	报类指示组,以英文字母加括号编报。
$GGggW_0$	GGgg:为重要天气现象达到发报标准的时间（北京时）,GG为时数,gg为分钟数。 W_0:发报要求指示码。 按本省（区、市）要求的发报标准编发的重要天气报告,W_0报1; 按国家气象中心要求的发报标准编发的重要天气报告,W_0报0; 同时符合本省（区、市）和国家气象中心要求的发报标准时,W_0也报0。

续表

电码组	释义
IIiii	区站号
911f_xf_x	911—指示码,表示其后为极大瞬间风速资料。 f_xf_x—极大瞬间风速,以 m/s 为单位编报,小数四舍五入。
915dd	915—指示码,表示其后为风向资料。 dd—风向,以十六方位编发。
919M_wD_a	919—指示码,表示其后为龙卷资料。 M_w—海龙卷、陆龙卷。 D_a—龙卷所在的方位。(详见表 3.8《M_wD_a 电码表》)
939nn	939—指示码,表示其后为冰雹资料。 nn—最大冰雹的最大直径,以 mm 为单位编报。冰雹直径≥99 mm 时,nn 报 99。
94917	指示码,表示本站视区内出现雷暴。
95VVV	95—指示码,表示其后为本站视区内出现视程障碍现象(霾、浮尘、沙尘暴、雾)时的能见度资料。 VVV—视程障碍现象(霾、浮尘、沙尘暴、雾)的能见度。 以 10 m 为单位编报,不足 10 m 时,米数舍去,高位不足补"0"。 例如:能见度为 26 m,VVV 编为 002;能见度为 8 m,VVV 编为 000。 视程障碍自动判识时 VVV 为过去 10 分钟平均能见度的 10 分钟滑动平均值。 (必须与 957ww 组同时编报)
957ww	957—指示码,表示其后为本站视区内出现视程障碍现象(霾、浮尘、沙尘暴、雾)的编码资料。 ww—视程障碍现象(霾、浮尘、沙尘暴、雾)的编码。 (必须与 95VVV 组同时编报)
555//	补充资料段指示组,其后的电码组按本省(区、市)气象局的规定编报。

3. 编发原则

(1)不定时编发,即观测到编发项目中所列现象达到发报标准时,就应在 10 分钟内编发出重要天气报告。

(2)当同时有两种或两种以上重要天气现象达到发报标准(包括前一种现象的报还没有发出,又有另一种或几种现象达到发报标准)时,合并编发一份重要天气报告,各有关电码组一一编发。此时,0 段中的 GGgg 编报最后一种现象达到发报标准的时间。

(3)在 08、14、20 时整点前半小时(31—00 分)内观测到大风、冰雹现象达到发报标准时,其相关内容合并在正点长 Z 文件中,不另发重要天气报。

(4)夜间重要天气现象的编发原则

20 时 01 分—07 时 30 分,出现时间可以确定且在编发时效内的重要天气现象,尽量编发。不能确定具体时间的可不编发。

由前一日持续至本日 20 时后的视程障碍现象,以 20 时 01 分为发报时间编发;由前一日持续至本日 20 时后的雷暴以第一声闻雷时间编发。

20 时 01 分—07 时 30 分之间出现但未编发重要报且持续到 07 时 30 分之后的重要天气现象,如达到始发或续发标准,则龙卷、视程障碍现象以 07 时 31 分为发报时间编发;雷暴以 07 时 30 分以后第一声闻雷时间编发;大风、冰雹现象合并在 08 时长 Z 文件中,不单独编发。

> 1. 第(1)条款摘自气测函〔2013〕321号文件,第(2)条款摘自《地面气象电码手册》,第(3)条款摘自《地面气象电码手册》、气测函〔2012〕26号文件,第(4)条款摘自气发〔2008〕186号文件、气测函〔2015〕45号文件。
> 2. "龙卷"现象出现时,应单独编发重要天气报,不在08、14、20时定时人工观测时次合并上传。
> 3. 20时01分—07时30分,如能确定雷暴出现时间且能在10分钟内发出的应编发,此后白天守班时段不再编发;如不能确定出现时间或来不及在10分钟内发出的,可不编发。
> 4. 20时01分—07时30分,人工编发视程障碍现象重要天气报时,如能确定霾、浮尘、沙尘暴、雾达到发报标准时间且能在10分钟内发出的应编发,白天守班时段内的霾、浮尘不再编发,沙尘暴、雾达更强级别时需要续发;如不能确定具体时间或来不及在10分钟内发出的,可不编发。

4.编发标准

重要天气报编发标准如表3.6。

表3.6 重要天气报编发标准

重要天气发报项目	电码组	编发标准	编发说明
大风	911f_xf_x 915dd	(始发)极大瞬间风速≥ m/s; (续发)极大瞬间风速≥ m/s。	各省自定
龙卷	919M_wD_a	(始发)测站或视区内出现龙卷; (续发)又有另一龙卷出现。	只要出现龙卷就编发
冰雹	939nn	(始发)测站出现冰雹; (续发)同次过程中,冰雹直径增大10 mm或以上。	始发标准 0 mm 续发标准 +10 mm
雷暴	94917	测站视区出现雷暴	每日编发1次

视程障碍现象		电码组	能见度标准	ww编码	编发说明
霾		95VVV 957ww	VV<5.0 km	05	每种现象每日编发1次
浮尘			VV<1.0 km	06	
沙尘暴	沙尘暴		0.5 km≤VV<1.0 km	30	每日达到标准时编发;达更强级别时续发。
	强沙尘暴		0.05 km≤VV<0.5 km	31	
	特强沙尘暴		VV<0.05 km	32	
雾	雾		0.5 km≤VV<1.0 km	40	每种现象每日累计最多发3份。
	浓雾		0.05 km≤VV<0.5 km	41	
	强浓雾		VV<0.05 km	42	

注:表中能见度标准为人工观测能见度。

5.具体规定
(1)大风
①风向风速传感器出现故障时,改用备份自动站或人工观测大风数据编发重要天气报。
②人工目测风力时,按风力等级对应的风速中数值编报。
风向对应角度范围、中心角度及电码如表3.7。

表3.7 风向角度及电码表

电码	方位	符号	中心角度(°)	角度范围(°)
36	北	N	0	348.76~11.25
02	北东北	NNE	22.5	11.26~33.75
04	东北	NE	45	33.76~56.25
07	东东北	ENE	67.5	56.26~78.75
09	东	E	90	78.76~101.25
11	东东南	ESE	112.5	101.26~123.75
14	东南	SE	135	123.76~146.25
16	南东南	SSE	157.5	146.26~168.75
18	南	S	180	168.76~191.25
20	南西南	SSW	202.5	191.26~213.75
22	西南	SW	225	213.76~236.25
25	西西南	WSW	247.5	236.26~258.75
27	西	W	270	258.76~281.25
29	西西北	WNW	292.5	281.26~303.75
32	西北	NW	315	303.76~326.25
34	北西北	NNW	337.5	326.26~348.75

(2)龙卷
龙卷类别对应方位及电码如表3.8。

表3.8 $M_w D_a$ 电码表

电码	D_a(方位)	M_w(龙卷类别,距测站距离)
0	在测站上	海龙卷,距测站3.0 km或以内
1	东北	海龙卷,距测站3.0 km以外
2	东	陆龙卷,距测站3.0 km或以内
3	东南	陆龙卷,距测站3.0 km以外
4	南	不用
5	西南	
6	西	
7	西北	
8	北	
9	多个方位	

(3) 冰雹

冰雹随降随化或来不及测量时,可目测估计其直径编报。

(4) 视程障碍现象

①视程障碍现象自动判识的台站,该类重要天气现象由业务软件自动编发,当自动判识出现故障时,恢复人工观测及编发。自动观测能见度编发标准为人工观测能见度编发标准的0.75倍。业务软件中,视程障碍现象重要天气报按人工能见度编发标准设置。

②霾现象重要天气报的编发不受霾日记录方法影响。

> 1. 第4条摘自《地面气象电码手册》,气发〔2008〕186号文件;第5条的(1)~(3)条款摘自《地面气象电码手册》、气测函〔2013〕321号文件,(4)条款的第①条目摘自气测函〔2013〕321号文件,第②条目摘自气测函〔2015〕45号文件。
> 2. 台站出现冰雹时始发,同次过程最大冰雹的最大直径增加10 mm或以上时续发;每次过程均应编发。
> 3. 视程障碍类重要天气报自动编发时由软件按照相关标准自动判断编发。
> 4. 0.75倍是针对视程障碍现象重要天气报的自动编发标准而言的,霾、浮尘、沙尘暴、雾的人工初始判断标准分别为5.0、1.0、1.0、1.0 km,其相应的自动编发标准分别为3.75、0.75、0.75、0.75 km,沙尘暴和雾的续发标准不变。

地面观测业务软件(ISOS)中视程障碍现象重要天气报参数设置及人工、自动编发标准如表3.9。

表3.9 视程障碍现象参数设置及重要天气报编发标准

视程障碍现象		参数设置	人工编发标准	自动编发标准
霾		5.0 km	5.0 km	3.75 km
浮尘		1.0 km	1.0 km	0.75 km
沙尘暴	沙尘暴	1.0 km	1.0 km	0.75 km
	强沙尘暴	0.5 km	0.5 km	0.5 km
	特强沙尘暴	0.05 km	0.05 km	0.05 km
雾	雾	1.0 km	1.0 km	0.75 km
	浓雾	0.5 km	0.5 km	0.5 km
	强浓雾	0.05 km	0.05 km	0.05 km

第 4 章　应急加密观测

　　各省(区、市)气象局按照《地面气象应急加密观测管理办法》(气测函〔2012〕26 号－附件3),根据实际情况和需求,及时启动应急加密观测。
　　1.已实现雪深、固态降水、能见度、降水现象和视程障碍现象等要素自动观测的,加密时采用自动观测数据。
　　2.在加密观测的时次,须在相应正点数据文件中记录连续天气现象和现在天气现象编码。
　　3.执行应急加密观测指令时,应在首个加密时次设置加密参数,加密结束后改回参数。
　　4.雪深应急加密观测录入方式与雪深观测记录方式相同。

> 1.第 2 条摘自气测函〔2015〕45 号文件。
> 2.出现降雪后,接到应急加密观测指令后再启动应急加密观测。
> 3.《气象应急观测流程(试行)》(气测函〔2015〕70 号)对《地面气象应急加密观测管理办法》(气测函〔2012〕26 号)作了补充。

第5章 数据文件格式

地面气象观测业务数据文件按形成方式和业务应用分为三类:采集数据文件、数据传输文件和观测数据文件。

采集数据文件是由采集器或硬件集成控制器存储到计算机硬盘中的数据文件;数据传输文件是台站经由有线或无线网络上传至省级或国家级的数据文件,包括台站级单站文件和中心站级打包文件两类;观测数据文件是存档文件,包括地面气象观测数据文件(A、J文件)、气象辐射观测数据文件(R文件)、地面气象年报数据文件(Y文件)。

常用地面气象观测业务数据文件类型如表5.1。

表5.1 常用地面气象观测业务数据文件类型

文件类型	文件组成	说明
采集数据文件	自动气象站采集数据文件	地面观测业务软件(OSSMO)支持,详见《地面气象观测数据文件和记录簿表格式》
	地面综合气象观测系统终端采集数据文件	地面观测业务软件(ISOS)支持,详见《台站地面综合观测业务软件(ISOS)用户操作手册》
数据传输文件	气象站实时地面气象数据传输文件	详见5.1~5.5节
	中心站地面气象数据传输文件	
观测数据文件	地面气象观测数据文件	地面气象记录月报表(气表—1)
	气象辐射观测数据文件	气象辐射记录月报表(气表—33)
	地面气象年报数据文件	地面气象记录年报表(气表—21)

地面气象数据传输文件分为两大类,一类是台站通过自动气象站或人工观测的地面气象记录实时形成的数据文件,可作为实时上传的地面气象报告,另一类是自动气象站组网后,中心站(省级)对各子站(台站)的实时地面气象数据文件汇总后形成的文件。它由以下文件组成,如表5.2。

表5.2 地面气象数据传输文件

文件	文件名
地面气象要素数据文件	Z_SURF_I_IIiii_YYYYMMDDHHmmss_O_AWS_FTM[-CCx].txt
	Z_SURF_C_CCCC_YYYYMMDDHHmmss_O_AWS_FTM.txt
区域站气象要素数据文件	Z_SURF_I_IIiii-REG_YYYYMMDDHHmmss_O_AWS_FTM[-CCx].txt
	Z_SURF_C_CCCC-REG_YYYYMMDDHHmmss_O_AWS_FTM[-CCx].txt
自动气象站逐分钟数据传输文件	Z_SURF_I_IIiii_YYYYMMDDHHmmss_O_AWS-MM_FTM[-CCx].txt

续表

文件	文件名
日数据文件	Z_SURF_I_IIiii_YYYYMMDDHHmmss_O_AWS_DAY[-CCx].txt
	Z_SURF_C_CCCC_YYYYMMDDHHmmss_O_AWS_DAY.txt
日照数据文件	Z_SURF_I_IIiii_YYYYMMDDHHmmss_O_AWS-SS_DAY[-CCx].txt
	Z_SURF_C_CCCC_YYYYMMDDHHmmss_O_AWS-SS_DAY.txt
状态信息文件	Z_SURF_I_IIiii_YYYYMMDDHHmmss_R_AWS_FTM.txt
气象辐射数据文件	Z_RADI_I_IIiii_YYYYMMDDHHmmss_O_ARS_FTM[-CCx].txt
	Z_RADI_C_CCCC_YYYYMMDDHHmmss_O_ARS_FTM.txt

注:(1)台站级地面气象要素数据文件:2009年1月15日前,每份文件最多3条记录;2012年4月1日前,每份文件最多4条记录;其后国家级台站每份文件均为13段16行。

(2)本书仅对单站文件格式作详细介绍。

(3)地面观测业务软件未实现对气象辐射数据文件中异常数据的实时修改。

文件名编码规则说明：
Z:固定代码,表示文件为国内交换的资料;
SURF:固定代码,表示地面观测资料;
RADI:固定代码,表面气象辐射资料;
I:固定代码,指示其后字段代码为测站区站号;
C:固定代码,指示其后字段代码为编报中心代码;
IIiii:测站区站号;
CCCC：编报中心代码;
REG:固定代码,表示文件为区域站资料;
YYYYMMDDHHmmss:文件生成时间"年月日时分秒"(UTC,国际时);
O:固定代码,表示文件为观测类资料;
R:固定代码,表示文件为状态信息类资料;
AWS:固定代码,表示文件为自动气象站地面气象要素资料;
ARS:固定代码,表示文件为自动站气象辐射资料;
FTM:固定代码,表示定时观测资料;
SS:固定代码,表示文件为日照观测资料;
DAY:固定代码,表示文件为日观测资料;
MM:固定代码,表示逐分钟观测资料;
CCx:数据更正标识,可选标志,对某测站(由IIiii指示)已发观测数据进行更正时,文件名中必须包含资料更正标识字段。CCx中:CC为固定代码;x取值为A~X,x=A时,表示对该站某次观测的第一次更正,x=B时,表示对该站某次观测的第二次更正,依次类推,直至x=X。

txt:固定代码,表示文件为文本文件。
(注:在 AWS 与 SS 或 MM 字段间、FTM 或 DAY 与 CCx 字段间、IIiii 或 CCCC 与 REG 字段间的分隔符为减号"-";其他字段间的分隔符为下划线"_"。)

5.1 地面气象要素数据文件

文件名:Z_SURF_I_IIiii_YYYYMMDDHHmmss_O_AWS_FTM[-CCx].txt
该文件共分为 13 段。具体如下:
(1)测站基本信息(57 Byte);
(2)气压数据(46 Byte);
(3)气温和湿度数据(64 Byte);
(4)累计降水和蒸发数据(45 Byte);
(5)风观测数据(68 Byte);
(6)地温数据(97 Byte);
(7)自动观测能见度数据(25 Byte);
(8)能见度、云、天气现象(67 Byte);
(9)其他重要天气(39 Byte);
(10)小时内每分钟降水量(123 Byte);
(11)连续天气现象(不定长);
(12)数据质量控制码(3 行,每行 161 Byte);
(13)文件结束符。
地面气象要素数据文件详细数据项及排序见表 5.3:

表 5.3 要素排序及长度分配

段序	要素名	单位	长度 Byte	说明
1	测站基本信息段			
1.1	区站号		5	5 位数字或第 1 位为字母,第 2~5 位为数字
1.2	观测时间		14	年月日时分秒(国际时,YYYYMMDDHHmmss),其中:秒固定为"00",为正点观测资料时,分记录为"00"
1.3	纬度		6	按度分秒记录,均为 2 位,高位不足补"0",台站纬度未精确到秒时,秒固定记录"00"
1.4	经度		7	按度分秒记录,度为 3 位,分秒为 2 位,高位不足补"0",台站经度未精确到秒时,秒固定记录"00"
1.5	观测场海拔高度	0.1 m	5	保留一位小数,扩大 10 倍记录,高位不足补"0",若低于海平面,首位存入"-"
1.6	气压传感器海拔高度	0.1 m	5	保留一位小数,扩大 10 倍记录,高位不足补"0",无气压传感器时,录入"/////",若低于海平面,首位存入"-"

续表

段序	要素名	单位	长度 Byte	说明
1.7	观测方式		1	当器测项目为人工观测时存入 1,器测项目为自动站观测时存入 4
1.8	质量控制标识		3	从左到右依次标识台站级、省级、国家级对观测数据进行质量控制的情况。"1"为软件自动作过质量控制,"0"为由人机交互进一步作过质量控制,"9"为没有进行任何质量控制
1.9	文件更正标识		3	为非更正数据时,固定编"000";为测站更正数据时,编码规则同文件名中的 CCx
2	气压数据			段标识符:PP
2.1	本站气压	0.1 hPa	5	当前时刻的本站气压值
2.2	海平面气压	0.1 hPa	5	当前时刻的海平面气压值
2.3	3 小时变压	0.1 hPa	4	正点本站气压与前 3 小时本站气压之差,非正点时记为缺测
2.4	24 小时变压	0.1 hPa	4	正点本站气压与前 24 小时本站气压之差,非正点时记为缺测
2.5	最高本站气压	0.1 hPa	5	每 1 小时内的最高本站气压值
2.6	最高本站气压出现时间		4	每 1 小时内最高本站气压出现时间(国际时),时分各两位,下同
2.7	最低本站气压	0.1 hPa	5	每 1 小时内的最低本站气压值
2.8	最低本站气压出现时间		4	每 1 小时内最低本站气压出现时间
3	温度和湿度数据			段标识符:TH
3.1	气温	0.1℃	4	当前时刻的空气温度
3.2	最高气温	0.1℃	4	每 1 小时内的最高气温
3.3	最高气温出现时间		4	每 1 小时内最高气温出现时间
3.4	最低气温	0.1℃	4	每 1 小时内的最低气温
3.5	最低气温出现时间		4	每 1 小时内最低气温出现时间
3.6	24 小时变温	0.1℃	4	正点气温与前 24 小时气温之差,非正点时记为缺测
3.7	过去 24 小时最高气温	0.1℃	4	软件自动统计求得,非正点时记为缺测
3.8	过去 24 小时最低气温	0.1℃	4	
3.9	露点温度	0.1℃	4	当前时刻的露点温度值
3.10	相对湿度	1%	3	当前时刻的相对湿度
3.11	最小相对湿度	1%	3	每 1 小时内的最小相对湿度值
3.12	最小相对湿度出现时间		4	每 1 小时内最小相对湿度出现时间
3.13	水汽压	0.1 hPa	3	当前时刻的水汽压值
4	累计降水和蒸发量数据			段标识符:RE

续表

段序	要素名	单位	长度 Byte	说明
4.1	小时降水量	0.1 mm	4	每1小时内的降水累计量
4.2	过去3小时降水量	0.1 mm	5	软件从小时降水量自动统计,自动站缺测时,为雨量筒人工观测降水量。非正点时记为缺测 过去6、12、24小时降水量为微量时,记为",,,,"
4.3	过去6小时降水量	0.1 mm	5	
4.4	过去12小时降水量	0.1 mm	5	
4.5	过去24小时降水量	0.1 mm	5	
4.6	加密观测降水量描述时间周期		2	根据加密要求选择相应周期,不加密时记为缺测
4.7	加密观测降水量	0.1 mm	5	在4.6中指定时段的累计降水量。微量时,记为",,,,";无此内容时,记为缺测
4.8	小时蒸发量	0.1 mm	4	每1小时内的蒸发累计量
5	风观测数据			段标识符:WI
5.1	2分钟平均风向	1°	3	当前时刻的2分钟平均风向
5.2	2分钟平均风速	0.1 m/s	3	当前时刻的2分钟平均风速
5.3	10分钟平均风向	1°	3	当前时刻的10分钟平均风向
5.4	10分钟平均风速	0.1 m/s	3	当前时刻的10分钟平均风速
5.5	最大风速的风向	1°	3	每1小时内10分钟最大风速的风向
5.6	最大风速	0.1m/s	3	每1小时内10分钟最大风速
5.7	最大风速出现时间		4	每1小时内10分钟最大风速出现时间
5.8	瞬时风向	1°	3	分钟内最大瞬时风速的风向或当前时刻的瞬时风向
5.9	瞬时风速	0.1 m/s	3	分钟内最大瞬时风速或当前时刻的瞬时风速
5.10	极大风速的风向	1°	3	每1小时内极大风速的风向
5.11	极大风速	0.1 m/s	3	每1小时内极大风速
5.12	极大风速出现时间		4	每1小时内极大风速出现时间
5.13	过去6小时极大风速	0.1 m/s	3	由软件自动从自动站数据中挑取或人工输入,非正点时记为缺测
5.14	过去6小时极大风向	1°	3	
5.15	过去12小时极大风速	0.1 m/s	3	
5.16	过去12小时极大风向	1°	3	
6	地温数据			段标识符:DT
6.1	地面温度	0.1℃	4	当前时刻的地面温度值
6.2	地面最高温度	0.1℃	4	每1小时内的地面最高温度
6.3	地面最高温度出现时间		4	每1小时内地面最高温度出现时间
6.4	地面最低温度	0.1℃	4	每1小时内的地面最低温度
6.5	地面最低温度出现时间		4	每1小时内地面最低温度出现时间
6.6	过去12小时最低地面温度	0.1℃	4	在业务软件中自动计算求得,非正点时记为缺测
6.7	5厘米地温	0.1℃	4	当前时刻的5厘米地温值
6.8	10厘米地温	0.1℃	4	当前时刻的10厘米地温值

续表

段序	要素名	单位	长度 Byte	说明
6.9	15厘米地温	0.1℃	4	当前时刻的15厘米地温值
6.10	20厘米地温	0.1℃	4	当前时刻的20厘米地温值
6.11	40厘米地温	0.1℃	4	当前时刻的40厘米地温值
6.12	80厘米地温	0.1℃	4	当前时刻的80厘米地温值
6.13	160厘米地温	0.1℃	4	当前时刻的160厘米地温值
6.14	320厘米地温	0.1℃	4	当前时刻的320厘米地温值
6.15	草面温度	0.1℃	4	当前时刻的草面温度值
6.16	草面最高温度	0.1℃	4	每1小时内的草面最高温度
6.17	草面最高温度出现时间		4	每1小时内草面最高温度出现时间
6.18	草面最低温度	0.1℃	4	每1小时内的草面最低温度
6.19	草面最低温度出现时间		4	每1小时内草面最低温度出现时间
7	自动观测能见度数据			段标识符:VV
7.1	1分钟平均水平能见度	1m	5	当前时刻的1分钟平均能见度
7.2	10分钟平均水平能见度	1m	5	当前时刻的10分钟平均能见度
7.3	最小能见度	1m	5	每1小时内的最小10分钟平均能见度
7.4	最小能见度出现时间		4	每1小时内的最小10分钟平均能见度出现时间
8	能见度、云、天数据			段标识符:CW
8.1	能见度	0.1 km	4	自动观测正点前15分钟内的最小10分钟平均能见度或人工观测有效水平能见度
8.2	总云量	1成	3	正点的总云量,由设备自动观测或人工输入
8.3	低云量	1成	3	正点的低云量,由设备自动观测或人工输入
8.4	编报云量	1成	3	固定编"////"
8.5	云高	1 m	5	正点的低(中)云高,由设备自动观测或人工输入,无输入时,均写入2500
8.6	云状		24	固定编24个"/"
8.7	云码		3	固定编"////"
8.8	现在天气现象电码		2	正点时次由软件自动编报或人工输入,不能自动观测或非正点时次,固定编"//"
8.9	过去天气时段		2	00时(世界时,下同)固定为12;06、12时固定为06;基准站、基本站03、09时固定为03;其他时次固定编"//"
8.10	过去天气电码 W_1		1	定时观测时次由软件自动编报或人工输入,不能自动观测或非定时观测时次,固定编"/"
8.11	过去天气电码 W_2		1	
8.12	地面状态		2	06时人工观测值,由人工输入,其他时次固定"//"
9	其他重要天气数据			段标识符:SP

续表

段序	要素名	单位	长度 Byte	说明
9.1	积雪深度	0.1 cm	4	00时(06、12时补测时)或应急加密观测任务规定时次,由设备自动观测或人工输入,其他时次固定编"////"
9.2	雪压	0.1 g/cm^2	3	00时(06、12时补测时)或应急加密观测任务规定时次,由人工输入,其他时次固定编"///"
9.3	冻土深度第1栏上限值	1 cm	3	00时或应急加密观测任务规定时次观测值,由设备自动观测或人工输入,无观测值时,固定编"///"
9.4	冻土深度第1栏下限值	1 cm	3	
9.5	冻土深度第2栏上限值	1 cm	3	
9.6	冻土深度第2栏下限值	1 cm	3	
9.7	龙卷距测站距离电码		1	固定编"/"
9.8	龙卷距测站方位电码		1	固定编"/"
9.9	电线积冰(雨凇)直径	1 mm	3	00、06、12时,由人工输入,无观测值时,固定编"///"
9.10	最大冰雹直径	1 mm	3	
10. 小时内每分钟降水量数据		0.1 mm	120	段标识符:MR。每分钟两位
11. 连续天气现象			不定	段标识符:MW。正点时次根据自动观测及人工输入现象编,无自动观测与人工输入现象时,编".";非正点时次固定编"//,."。
12. 数据质量控制码				段标识符:QC
12.1	台站级		161	各占1行。对应2~10段的各数据项。每行行首加记录分级标识符(Q1:台站级;Q2:省级;Q3:国家级),标识码与质量控制码之间用1个半角空格分隔
12.2	省级		161	
12.3	国家级		161	
13. 文件结束符			4	NNNN

有关存储说明如下:

除连续天气现象外,其他数据项均为定长。

第2~11段,每段的段标识或分级标识位于该段观测数据的行首,与观测数据之间用1个半角空格分隔;第12段的段标识符占1行。

除数据质量控制码段中的台站级、省级和国家级质量控制码各为1行外,其他各段中,数据项之间用1个半角空格分隔。数据质量控制码段的国家级码后面加上"=<CR><LF>",表示单站数据结束,其他段尾用回车换行"<CR><LF>"结束,表示各为1行;文件结尾处加"NNNN<CR><LF>",表示全部记录结束。

在各段中,某时次不需要观测或编码的项目或要素缺测,相应记录或编码用相应位长的"/"填充。

风向为方位时,按照方位对应的中心角度记录,风速<0.3 m/s时,固定记为PPC。其他要素位数不足时,高位补"0"。

各要素的最大(小)值是指前1小时正点至当前时刻内出现的最大(小)值。

对于可能出现负值的要素,给出了基值的概念,基值即为大于该要素可能出现最大值的相对最小值,以此来表示要素的正、负号。

小时内逐分钟降水量共 120 Byte,每分钟 2 Byte,即 1~2 位为第 1 分钟的记录,3~4 位为第 2 分钟的记录……如此类推,119~120 位为第 60 分钟的记录;每分钟内无降水时存入"00",微量存入",,",降水量≥10.0 mm 时,一律存入"99",缺测存入"//"(目前尚未实现微量降水的自动观测,故分钟降水暂不能记为",,")。

没有出现积雪时,积雪深度存入"0000",仅微量积雪,积雪深度存入",,,,"。雪深＜5 cm 无雪压,雪压一律补"000",雪深≥5 cm 无雪压,雪压按缺测处理,存入"///"。

冻土深度为微量者,上下限分别录入",,"。当地表略有融化,土壤下面仍有冻结时,上限为",,",下限可以有数值。

电线积冰和冰雹等没有出现时,相关数据组均用规定位长的"/"写入。

连续天气现象按地面气象观测数据文件(A 文件)格式规定存入当日 20 时(北京时)至当前定时或当前人工干预正点的全部天气现象,当需要记录起止的天气现象在小时正点没有终止时,记录至该时整时整分。以"."表示结束。因缺测无记录时,存入"//,."。

数据质量控制码对应 2~10 段的各数据项,每个数据项对应 1 位的数据质量控制码,段间用 1 个半角空格分隔。为此,数据质量控制码共 10 组,第 1 组为分级标识(Q1:台站级、Q2:省级、Q3:国家级),第 2~10 组的字节分别为 8、13、8、16、19、4、12、10、60 Byte,另加 9 位分隔符,共 161 Byte。QC 质量控制码定义见表 5.4:

表 5.4 质量控制码

质量控制码	描述
0	数据正确,未作过修改
1	数据可疑,未作过修改
2	数据错误,未作过修改
3	数据缺测,未作过修改
4	数据有订正值
5	原数据可疑,对数据进行过修改
6	原数据错误,对数据进行过修改
8	原数据缺测,对数据进行过修改
9	未作数据质量控制

3. 数据记录单位和特殊说明

数据记录单位:遵守《地面气象观测规范》(2003 版)规定,存储各要素值不含小数点,具体规定如表 5.5:

表 5.5 各要素存储规定

要素名	记录单位	存储规定
气压	0.1 hPa	原值扩大 10 倍
变压	0.1 hPa	定义基值为 1000,以基值减原值扩大 10 倍存入
温度、变温	0.1℃	定义基值为 1000,以基值减原值扩大 10 倍存入
相对湿度	1%	原值

续表

要素名	记录单位	存储规定
水汽压	0.1 hPa	原值扩大10倍
露点温度	0.1℃	定义基值为1000,以基值减原值扩大10倍存入
降水量	0.1 mm	原值扩大10倍。微量降水时,存入相应位数的","
风向	1°	原值
风速	0.1 m/s	原值扩大10倍
蒸发量	0.1 mm	原值扩大10倍
自动观测能见度	1 m	原值
人工观测能见度	0.1 km	原值扩大10倍
云量	1 成	0表示微量或无云,10−表示云满布全天,但有云隙
云高	1 m	原值,为0时表示无低(中)云
积雪深度	0.1 cm	原值扩大10倍
雪压	0.1 g/cm^2	原值扩大10倍
冻土深度	1 cm	原值
地面状态		《地面气象观测规范》规定编码
电线积冰直径	1 mm	原值
冰雹直径	1 mm	原值

其他说明:

(1)测站基本信息段——"质量控制标识",定时观测时次和进行过人工质控的正点时次,其质控码应为"099",否则为"199"。

(2)测站基本信息段——"文件更正标识",由业务软件根据文件传输情况自动判识是否添加文件更正标识。添加时,文件名中增加"−CCx"标识。

(3)气压数据段——"海平面气压"由地面观测业务软件根据"当前时次的气温和本站气压""观测前12小时的气温"自动计算,如果海平面气压缺测,需检查相关要素是否缺测。

(4)风观测数据段——"瞬时风向、风速",新型自动气象站中该值为分钟内最大瞬时风速及其风向。该值异常时,均以缺测处理,不用其他记录代替。

5.2 区域站气象要素数据文件

文件名:Z_SURF_I_IIiii-REG_YYYYMMDDHHmmss_O_AWS_FTM[-CCx].txt
该文件最多4条记录,第3、4条记录可少。
第1条记录为基本参数,共34个字节。排列顺序及长度分配见表5.6:

表 5.6　参数行排序及长度分配

序号	要素名	长度	说明
1	区站号	5字节	5位数字或第1位为字母,第2~5位为数字
2	纬度	6字节	按度分秒记录,均为2位,高位不足补"0",台站纬度未精确到秒时,秒固定记录"00"
3	经度	7字节	按度分秒记录,度为3位,分秒为2位,高位不足补"0",台站经度未精确到秒时,秒固定记录"00"
4	观测场海拔高度	5字节	保留1位小数,扩大10倍记录,高位不足补"0"
5	气压传感器海拔高度	5字节	保留1位小数,扩大10倍记录,高位不足补"0",无气压传感器时,录入"/////",若低于海平面,首位存入"-"
6	观测方式	1字节	固定存入4

第2条记录共52个要素值,每组用1个半角空格分隔,共262个字节。排列顺序及长度分配如表5.7:

表 5.7　观测要素排序及长度分配

序号	要素名	长度	说明
1	观测时间	14字节	年月日时分秒(国际时,YYYYMMDDHHmmss),其中:秒固定为"00",为正点观测资料时,分记录为"00"
2	2分钟平均风向	3字节	当前时刻的2分钟风向
3	2分钟平均风速	3字节	当前时刻的2分钟平均风速
4	10分钟平均风向	3字节	当前时刻的10分钟风向
5	10分钟平均风速	3字节	当前时刻的10分钟平均风速
6	最大风速的风向	3字节	每1小时内10分钟最大风速的风向
7	最大风速	3字节	每1小时内10分钟最大风速
8	最大风速出现时间	4字节	每1小时内10分钟最大风速出现时间(国际时),时分各两位,下同
9	瞬时风向	3字节	当前时刻的瞬时风向
10	瞬时风速	3字节	当前时刻的瞬时风速
11	极大风速的风向	3字节	每1小时内的极大风速的风向
12	极大风速	3字节	每1小时内的极大风速
13	极大风速出现时间	4字节	每1小时内极大风速出现时间
14	小时降水量	4字节	每1小时内的雨量累计值
15	气温	4字节	当前时刻的空气温度
16	最高气温	4字节	每1小时内的最高气温
17	最高气温出现时间	4字节	每1小时内的最高气温出现时间
18	最低气温	4字节	每1小时内的最低气温
19	最低气温出现时间	4字节	每1小时内的最低气温出现时间
20	相对湿度	3字节	当前时刻的相对湿度
21	最小相对湿度	3字节	每1小时内的最小相对湿度值

续表

序号	要素名	长度	说明
22	最小相对湿度出现时间	4字节	每1小时内的最小相对湿度出现时间
23	水汽压	3字节	当前时刻的水汽压值
24	露点温度	4字节	当前时刻的露点温度值
25	本站气压	5字节	当前时刻的本站气压值
26	最高本站气压	5字节	每1小时内的最高本站气压值
27	最高本站气压出现时间	4字节	每1小时内的最高本站气压出现时间
28	最低本站气压	5字节	每1小时内的最低本站气压值
29	最低本站气压出现时间	4字节	每1小时内的最低本站气压出现时间
30	草面(雪面)温度	4字节	当前时刻的草面(雪面)温度值
31	草面(雪面)最高温度	4字节	每1小时内的草面(雪面)最高温度
32	草面(雪面)最高出现时间	4字节	每1小时内的草面(雪面)最高温度出现时间
33	草面(雪面)最低温度	4字节	每1小时内的草面(雪面)最低温度
34	草面(雪面)最低出现时间	4字节	每1小时内的草面(雪面)最低温度出现时间
35	地面温度	4字节	当前时刻的地面温度值
36	地面最高温度	4字节	每1小时内的地面最高温度
37	地面最高出现时间	4字节	每1小时内的地面最高温度出现时间
38	地面最低温度	4字节	每1小时内的地面最低温度
39	地面最低出现时间	4字节	每1小时内的地面最低温度出现时间
40	5厘米地温	4字节	当前时刻的5厘米地温值
41	10厘米地温	4字节	当前时刻的10厘米地温值
42	15厘米地温	4字节	当前时刻的15厘米地温值
43	20厘米地温	4字节	当前时刻的20厘米地温值
44	40厘米地温	4字节	当前时刻的40厘米地温值
45	80厘米地温	4字节	当前时刻的80厘米地温值
46	160厘米地温	4字节	当前时刻的160厘米地温值
47	320厘米地温	4字节	当前时刻的320厘米地温值
48	蒸发量	4字节	每1小时内的蒸发累计量
49	海平面气压	5字节	当前时刻的海平面气压值
50	能见度	5字节	当前时刻的能见度
51	最小能见度	5字节	每1小时内的最小能见度
52	最小能见度出现时间	4字节	每1小时内的最小能见度出现时间

数据记录单位:遵守《地面气象观测规范》规定,存储各要素值不含小数点,具体规定如表5.8:

表 5.8 各要素存储规定

要素名	记录单位	存储规定
气压	0.1 hPa	扩大 10 倍
温度	0.1℃	扩大 10 倍
相对湿度	1%	原值
水汽压	0.1 hPa	扩大 10 倍
露点温度	0.1℃	扩大 10 倍
降水量	0.1 mm	扩大 10 倍
风向	1°	原值
风速	0.1 m/s	扩大 10 倍
蒸发量	0.1 mm	扩大 10 倍
能见度	1 m	原值

第 3 条记录为小时内分钟降水量,每分钟 2 个字节,共 120 个字节。每分钟内无降水时存入"00",微量存入",,",降水量≥10.0 mm 时,一律存入 99,缺测存入"//"。

第 4 条记录共 23 个要素值,每组用 1 个半角空格分隔,共 135 个字节。排列顺序及长度分配如表 5.9:

表 5.9 相关编报项排序及长度分配

序号	要素名	长度	说明
1.	能见度	3 字节	正点的能见度
2.	总云量	3 字节	正点的总云量
3.	低云量	3 字节	正点的低云量
4.	编报云量	3 字节	固定编"///"
5.	云高	4 字节	正点的低(中)云高
6.	云状	24 字节	固定编 24 个"/"
7.	云码	3 字节	固定编"///"
8.	天气现象电码	4 字节	正点的天气现象电码
9.	6 小时或 12 小时降水量组	5 字节	18、00、06、12 时(国际时,下同),编报 6RRR1 或 6RRR2 组
10.	24 小时变压变温组	5 字节	00、03、06、09、12、15、18、21 时(国际时,下同),编报 0P$_{24}$P$_{24}$ T$_{24}$T$_{24}$ 组
11.	24 小时降水量组	5 字节	21、00 时,编报 7R$_{24}$R$_{24}$R$_{24}$ 组
12.	过去 24 小时最高气温组	5 字节	18、00 时,编报 1SnTxTxTx 组
13.	过去 24 小时最低气温组	5 字节	00、06 时,编报 1SnTnTnTn 组
14.	过去 12 小时最低地面温度	5 字节	00 时,编报 1SnTgTgTg 组
15.	积雪深度	3 字节	00 时或 06、12 时的观测值
16.	雪压	3 字节	00 时或 06、12 时的观测值
17.	冻土深度	3 字节	00 时最大下限值

续表

序号	要素名	长度	说明
18.	地面状态	2字节	06时观测值
19.	重要天气极大风速	5字节	18、00、06、12时,编报911fxfx组
20.	重要天气极大风速对应风向	5字节	18、00、06、12时,编报915dd组
21.	重要天气龙卷	5字节	00、06、12时,编报919MwDa组
22.	重要天气雨凇	5字节	00、06、12时,编报934RR组
23.	重要天气冰雹直径	5字节	00、06、12时,编报939nn组

该条记录由相应软件自动形成。某时次不需要观测或编报的项目,相应记录或编码用相应位长的"/"填充,例如:09时,编报云量记录为"///",不需编云、天气现象码,则云状编码记录为24个"/",天气现象电码记录为"////",6小时降水量组编"6///1"。

第4条记录目前只有少数站才有。

5.3 自动气象站逐分钟数据传输文件

文件名:Z_SURF_I_IIiii_YYYYMMDDHHmmss_O_AWS-MM_FTM[-CCx].txt
该文件共分为14段。具体如下:
(1)测站基本信息(60 Byte);
(2)气压数据(303 Byte);
(3)气温数据(243 Byte);
(4)相对湿度数据(183 Byte);
(5)风观测数据(363 Byte);
(6)降水量数据(123 Byte);
(7)草面温度数据(243 Byte);
(8)地面温度数据(243 Byte);
(9)5 cm 地温数据(243 Byte);
(10)10 cm 地温数据(243 Byte);
(11)15 cm 地温数据(243 Byte);
(12)20 cm 地温数据(243 Byte);
(13)40 cm 地温数据(243 Byte);
(14)文件结束符。
详细数据项及排序如表5.10:

表 5.10　数据排序及长度分配

段序	要素名	单位	长度 Byte	说明
1 测站基本信息段				
1.1	区站号		5	5位数字或第1位为字母，第2～5位为数字
1.2	观测结束时间		14	年月日时分秒（国际时，YYYYMMDDHHmmss），其中：秒固定为"00"，为正点观测资料时，分记录为"00"
1.3	纬度		6	按度分秒记录，均为2位，高位不足补"0"，台站纬度未精确到秒时，秒固定记录"00"
1.4	经度		7	按度分秒记录，度为3位，分秒为2位，高位不足补"0"，台站经度未精确到秒时，秒固定记录"00"
1.5	观测场海拔高度	0.1 m	5	保留1位小数，扩大10倍记录，高位不足补"0"，若低于海平面，首位存入"−"
1.6	气压传感器海拔高度	0.1 m	5	保留1位小数，扩大10倍记录，高位不足补"0"，无气压传感器时，录入"/////"，若低于海平面，首位存入"−"
1.7	观测方式		12	分别对应2～13段各观测项目的状态值，有此观测项目状态值为1，否则为9
2　气压数据				段标识符：PP
2.1	第01分钟的本站气压	0.1 hPa	5	每分钟5 Byte
2.2～2.59	第02—59分钟的本站气压			
2.60	第60分钟的本站气压			
3　气温数据				段标识符：TT
3.1	第01分钟的气温	0.1℃	4	每分钟4 Byte
3.2～3.59	第02—59分钟的气温			
3.60	第60分钟的气温			
4　相对湿度数据				段标识符：RH
4.1	第01分钟的相对湿度	1%	3	每分钟3 Byte
4.2～4.59	第02—59分钟的相对湿度			
4.60	第60分钟的相对湿度			
5　风观测数据（1分钟平均）				段标识符：WI
5.1	第01分钟的风向风速	风向：1°风速：0.1m/s	6	每分钟的风向风速6 Byte，前三位为风向，后三位为风速
5.2～5.59	第02—59分钟的风向风速			
5.60	第60分钟的风向风速			
6　降水量数据				段标识符：RR
6.1	第01分钟的降水量	0.1 mm	2	每分钟2 Byte
6.2～6.59	第02—59分钟的降水量			
6.60	第60分钟的降水量			

续表

段序	要素名	单位	长度 Byte	说明
7	草面温度数据			段标识符:GT
7.1	第01分钟的草面温度			
7.2~7.59	第02—59分钟的草面温度	0.1℃	4	每分钟4 Byte
7.60	第60分钟的草面温度			
8	地面温度数据			段标识符:DT
8.1	第01分钟的地面温度			
8.2~8.59	第02—59分钟的地面温度	0.1℃	4	每分钟4 Byte
8.60	第60分钟的地面温度			
9	5 cm地温数据			段标识符:D1
9.1	第01分钟的5 cm地温			
9.2~9.59	第02—59分钟的5 cm地温	0.1℃	4	每分钟4 Byte
9.60	第60分钟的5 cm地温			
10	10 cm地温数据			段标识符:D2
10.1	第01分钟的10 cm地温			
10.2~10.59	第02—59分钟的10 cm地温	0.1℃	4	每分钟4 Byte
10.60	第60分钟的10 cm地温			
11	15 cm地温数据			段标识符:D3
11.1	第01分钟的15 cm地温			
11.2~11.59	第02—59分钟的15 cm地温	0.1℃	4	每分钟4 Byte
11.60	第60分钟的15 cm地温			
12	20 cm地温数据			段标识符:D4
12.1	第01分钟的20 cm地温			
12.2~12.59	第02—59分钟的20 cm地温	0.1℃	4	每分钟4 Byte
12.60	第60分钟的20 cm地温			
13	40 cm地温数据			段标识符:D5
13.1	第01分钟的40 cm地温			
13.2~13.59	第02—59分钟的40 cm地温	0.1℃	4	每分钟4 Byte
13.60	第60分钟的40 cm地温			
14	文件结束符		4	NNNN

有关存储说明如下:

各数据项均为定长。风速<0.3 m/s时,固定记为PPC。其他要素位数不足时,高位补"0"。

第2~13段,各段的段标识位于该段观测数据的行首,与观测数据之间用1个半角空格分隔。

第 1 段的各数据项之间用 1 个半角空格分隔。第 2～13 段的各数据项顺序排列,之间不加分隔符,第 13 段数据尾部加上"＝<CR><LF>",表示单站数据结束,其他段尾用回车换行"<CR><LF>"结束,表示各为 1 行;文件结尾处加"NNNN<CR><LF>",表示全部记录结束。

在各段中,某时次不需要观测的项目或要素缺测,相应记录用相应位长的"/"填充。

对于可能出现负值的要素,给出了基值的概念,基值即为大于该要素可能出现最大值的相对最小值,以此来表示要素的正、负号。

小时内逐分钟降水量共 120 Byte,每分钟 2 Byte,即 1～2 位为第 1 分钟的记录,3～4 位为第 2 分钟的记录……,如此类推,119～120 位为第 60 分钟的记录;每分钟内无降水时存入"00",微量存入",",降水量≥10.0 mm 时,一律存入"99",缺测存入"//"。

各要素遵守《地面气象观测规范》规定,存储各要素值不含小数点,具体规定如表 5.11:

表 5.11 分钟要素存储规定

要素名	记录单位	存储规定
气压	0.1 hPa	原值扩大 10 倍
温度	0.1℃	定义基值为 1000,以基值减原值扩大 10 倍存入
相对湿度	1%	原值
风向	1°	原值
风速	0.1 m/s	原值扩大 10 倍
降水量	0.1 mm	原值扩大 10 倍

5.4 日数据文件

文件名:Z_SURF_I_IIiii_YYYYMMDDHHmmss_O_AWS_DAY[-CCx].txt

每日 12 时(国际时)形成一个,为顺序文件,共 3 条记录。

1.第 1 条记录为本站基本参数,包括区站号、纬度、经度共 3 组,每组用 1 个半角空格分隔,共 20 个字节,记录尾用回车换行"<CR><LF>"结束,排列顺序及长度分配如表 5.12:

表 5.12 参数行排序及长度分配

序号	要素名	长度	说明
1.	区站号	5 字节	5 位数字或第 1 位为字母,第 2～5 位为数字
2.	纬度	6 字节	按度分秒记录,均为 2 位,高位不足补"0",台站纬度未精确到秒时,秒固定记录"00"
3.	经度	7 字节	按度分秒记录,度为 3 位,分秒为 2 位,高位不足补"0",台站经度未精确到秒时,秒固定记录"00"

2.第 2 条记录为要素值,共 14 组。每组用 1 个半角空格分隔,共 76 个字节,记录尾用回车换行"<CR><LF>"结束,排列顺序及长度分配如表 5.13:

表5.13 各要素存储规定

序号	要素名	长度	存储规定
1.	观测时间	14字节	年月日时分秒(UTC,YYYYMMDDHHmmss),其中时分秒固定为"120000"
2.	20—08时定时降水量	5字节	单位:0.1 mm,扩大10倍
3.	08—20时定时降水量	5字节	单位:0.1 mm,扩大10倍
4.	蒸发量	3字节	单位:0.1 mm,扩大10倍
5.	电线积冰—现象	4字节	按天气现象符号代码记录,只能是0056、0048、5648、////
6.	电线积冰—南北方向直径	3字节	单位:1mm
7.	电线积冰—南北方向厚度	3字节	单位:1 mm
8.	电线积冰—南北方向重量	5字节	单位:1 g/m
9.	电线积冰—东西方向直径	3字节	单位:1 mm
10.	电线积冰—东西方向厚度	3字节	单位:1 mm
11.	电线积冰—东西方向重量	5字节	单位:1 g/m
12.	电线积冰—温度	4字节	单位:0.1℃,扩大10倍
13.	电线积冰—风向	3字节	单位:1°
14.	电线积冰—风速	3字节	单位:0.1 m/s,扩大10倍

数据记录单位:各要素遵守《地面气象观测规范》(2003版)规定,各要素值不含小数点,要素位数不足时,高位补"0"。若要素缺测或无记录,均应按规定的字长,每个字节位存入一个"/"字符。降水量、蒸发量为微量时,记为相应字节的","。

3.第3条记录为天气现象,不定长,按地面气象观测数据文件(A文件)格式规定记录,后面加上"=<CR><LF>"表示单站数据结束。

文件结尾处加"NNNN<CR><LF>",表示全部记录结束。

5.5 日照数据文件

文件名:Z_SURF_I_IIiii_YYYYMMDDHHmmss_O_AWS-SS_DAY[-CCx].txt
该文件包括2条记录。

1.第1条记录为本站基本参数,包括区站号、纬度、经度、日照时制共4组,每组用1个半角空格分隔,共22个字节,记录尾用回车换行"<CR><LF>"结束。排列顺序及长度分配如表5.14:

表5.14 参数行排列顺序及长度分配

序号	要素名	长度	说明
1.	区站号	5字节	5位数字或第1位为字母,第2~5位为数字
2.	纬度	6字节	按度分秒记录,均为2位,高位不足补"0",台站纬度未精确到秒时,秒固定记录"00"

续表

序号	要素名	长度	说明
3.	经度	7字节	按度分秒记录,度为3位,分秒为2位,高位不足补"0",台站经度未精确到秒时,秒固定记录"00"
4.	日照时制	1字节	1:为真太阳时,由人工观测仪器测得; 4:为地方时,由自动观测仪器测得

2. 第2条记录为当日各时和日日照时数。共26组,每组用1个半角空格分隔,共90个字节,后面加上"=<CR><LF>",表示单站数据结束。

第1组为观测时间,年月日时分秒(地平时或真太阳时,YYYYMMDDHHmmss,其中HHmmss固定为"000000"),共14个字节。

第2至25组为00—01,01—02,……,23—24时日照时数,每组2个字节;

第26组为日合计,每组3个字节。

日照时数的记录单位为小时,取1位小数,数据扩大10倍写入,不含小数点,要素位数不足时,高位补"0"。若要素缺测或无记录,均应按规定的字长,每个字节位存入一个"/"字符。

文件结尾处加"NNNN<CR><LF>",表示全部记录结束。

5.6 状态信息文件

文件名:Z_SURF_I_IIiii_YYYYMMDDHHmmss_R_AWS_FTM.txt

每小时一个,为顺序文件,共2条记录。

1. 第1条记录为本站基本参数,包括区站号、纬度、经度共3组,每组用1个半角空格分隔,共20个字节,记录尾用回车换行"<CR><LF>"结束。排列顺序及长度分配如表5.15:

表5.15 参数行排序及长度分配

序号	要素名	长度	说明
1.	区站号	5字节	5位数字或第1位为字母,第2~5位为数字
2.	纬度	6字节	按度分秒记录,均为2位,高位不足补"0",台站纬度未精确到秒时,秒固定记录"00"
3.	经度	7字节	按度分秒记录,度为3位,分秒为2位,高位不足补"0",台站经度未精确到秒时,秒固定记录"00"

2. 第2条记录为各状态值,每组用1个半角空格分隔,共87个字节,后面加上"=<CR><LF>"表示单站数据结束。排列顺序及长度分配如表5.16:

表5.16 各状态值排序及长度分配

序号	内容	长度	说明
1.	计算机与子站的通信状态	1字节	0:正常,1:不正常
2.	气压传感器是否开通	1字节	0:开通,1:未开通

续表

序号	内容	长度	说明
3.	气温传感器是否开通	1字节	0:开通,1:未开通
4.	湿球温度传感器是否开通	1字节	0:开通,1:未开通
5.	湿敏电容传感器是否开通	1字节	0:开通,1:未开通
6.	风向传感器是否开通	1字节	0:开通,1:未开通
7.	风速传感器是否开通	1字节	0:开通,1:未开通
8.	雨量传感器是否开通	1字节	0:开通,1:未开通
9.	感雨传感器是否开通	1字节	0:开通,1:未开通
10.	草面温度传感器是否开通	1字节	0:开通,1:未开通
11.	地面温度传感器是否开通	1字节	0:开通,1:未开通
12.	5 cm 地温传感器是否开通	1字节	0:开通,1:未开通
13.	10 cm 地温传感器是否开通	1字节	0:开通,1:未开通
14.	15 cm 地温传感器是否开通	1字节	0:开通,1:未开通
15.	20 cm 地温传感器是否开通	1字节	0:开通,1:未开通
16.	40 cm 地温传感器是否开通	1字节	0:开通,1:未开通
17.	80 cm 地温传感器是否开通	1字节	0:开通,1:未开通
18.	160 cm 地温传感器是否开通	1字节	0:开通,1:未开通
19.	320 cm 地温传感器是否开通	1字节	0:开通,1:未开通
20.	蒸发传感器是否开通	1字节	0:开通,1:未开通
21.	日照传感器是否开通	1字节	0:开通,1:未开通
22.	能见度传感器是否开通	1字节	0:开通,1:未开通
23.	云量传感器是否开通	1字节	0:开通,1:未开通
24.	云高传感器是否开通	1字节	0:开通,1:未开通
25.	总辐射传感器是否开通	1字节	0:开通,1:未开通
26.	净全辐射传感器是否开通	1字节	0:开通,1:未开通
27.	散射辐射传感器是否开通	1字节	0:开通,1:未开通
28.	直接辐射传感器是否开通	1字节	0:开通,1:未开通
29.	反射辐射传感器是否开通	1字节	0:开通,1:未开通
30.	紫外辐射传感器是否开通	1字节	0:开通,1:未开通
31.	备用1传感器是否开通	1字节	0:开通,1:未开通
32.	备用2传感器是否开通	1字节	0:开通,1:未开通
33.	备用3传感器是否开通	1字节	0:开通,1:未开通
34.	备用4传感器是否开通	1字节	0:开通,1:未开通
35.	备用5传感器是否开通	1字节	0:开通,1:未开通
36.	备用6传感器是否开通	1字节	0:开通,1:未开通
37.	子站是否修改了时钟	1字节	0:修改,1:未修改
38.	采集器数据是否正确读取	1字节	0:读取成功,1:读取失败

续表

序号	内容	长度	说明
39.	供电方式	1字节	0:市电,1:备份电源,/:不能获取
40.	采集器主板电压	4字节	单位:V,保留1位小数,位数不足时,高位补"0",不能获取时,用"////"表示
41.	采集器主板温度	4字节	单位:℃,保留1位小数,位数不足时,高位补"0",不能获取时,用"////"表示

文件结尾处加"NNNN<CR><LF>"表示全部记录结束。

5.7 气象辐射数据文件

文件名:Z_RADI_I_IIiii_YYYYMMDDHHmmss_O_ARS_FTM[-CCx].txt

该文件为顺序文件,共2条记录。

1.第1条记录为本站基本参数,包括区站号、纬度、经度共3组,每组用1个半角空格分隔,共20个字节,记录尾用回车换行"<CR><LF>"结束。排列顺序及长度分配见表5.17:

表5.17 参数行排列及长度分配

序号	要素名	长度	说明
1	区站号	5字节	5位数字,第1位也可为字母
2	纬度	6字节	按度分秒记录,均为2位
3	经度	7字节	按度分秒记录,度为3位,分秒为2位

2.第2条记录存29个要素值,每组用1个半角空格分隔,共152个字节,记录的后面加上"=<CR><LF>",表示单站数据结束。各要素存储规定见表5.18:

表5.18 各要素存储规定

序号	要素名	长度	说明
1	观测时间	14字节	年月日时分秒(国际时,YYYYMMDDHHmmss)
2	总辐射辐照度	4字节	单位 $W \cdot m^{-2}$
3	净辐射辐照度	4字节	单位 $W \cdot m^{-2}$
4	直接辐射辐照度	4字节	单位 $W \cdot m^{-2}$
5	散射辐射辐照度	4字节	单位 $W \cdot m^{-2}$
6	反射辐射辐照度	4字节	单位 $W \cdot m^{-2}$
7	紫外辐射辐照度	4字节	单位 $W \cdot m^{-2}$
8	总辐射曝辐量	4字节	单位 $MJ \cdot m^{-2}$
9	总辐射辐照度最大值	4字节	单位 $W \cdot m^{-2}$
10	总辐射辐照度最大值出现时间	4字节	时分
11	净辐射曝辐量	4字节	单位 $MJ \cdot m^{-2}$

续表

序号	要素名	长度	说明
12	净辐射辐照度最大值	4 字节	单位 $W \cdot m^{-2}$
13	净辐射辐照度最大值出现时间	4 字节	时分
14	净辐射辐照度最小值	4 字节	单位 $W \cdot m^{-2}$
15	净辐射辐照度最小值出现时间	4 字节	时分
16	直接辐射曝辐量	4 字节	单位 $MJ \cdot m^{-2}$
17	直接辐射照度射最大值	4 字节	单位 $W \cdot m^{-2}$
18	直接辐射辐照度最大值出现时间	4 字节	时分
19	散射辐射曝辐量	4 字节	单位 $MJ \cdot m^{-2}$
20	散射辐射辐照度最大值	4 字节	单位 $W \cdot m^{-2}$
21	散射辐射辐照度最大值出现时间	4 字节	时分
22	反射辐射曝辐量	4 字节	单位 $MJ \cdot m^{-2}$
23	反射辐射辐照度最大值	4 字节	单位 $W \cdot m^{-2}$
24	反射辐射辐照度最大值出现时间	4 字节	时分
25	紫外辐射曝辐量	4 字节	单位 $MJ \cdot m^{-2}$
26	紫外辐射辐照度最大值	4 字节	单位 $W \cdot m^{-2}$
27	紫外辐射辐照度最大值出现时间	4 字节	时分
28	日照	2 字节	时
29	大气浑浊度	4 字节	

存储要求：

① 曝辐量记录单位为 $MJ \cdot m^{-2}$（取两位小数），扩大 100 倍后存入，不含小数点；日照记录单位为 0.1 时，扩大 10 倍，不含小数点。

② 若要素缺测或无记录，均应按约定的字长，每个字节位均存入一个"/"字符。

③ 各辐射的曝辐量为前 1 小时正点至当前时刻的曝辐量。

④ 各辐射的最大（小）值是指前 1 小时正点至当前时刻内出现的最大（小）辐照度。

⑤ 最大出现时间中的时、分两位，高位不足补"0"。

⑥ 要素位数不足时，高位补"0"。

5.8 地面气象观测数据文件（A 文件）

5.8.1 文件名

"地面气象观测数据文件"（简称 A 文件）为文本文件，文件名由 17 位字母、数字、符号组成，其结构为"AIIiii-YYYYMM.TXT"。

其中"A"为文件类别标识符（保留字）；"IIiii"为区站号；"YYYY"为资料年份；"MM"为资料月份，位数不足，高位补"0"；"TXT"为文件扩展名。

5.8.2 文件结构

A 文件由台站参数、观测数据、质量控制、附加信息四个部分构成。观测数据部分的结束符为"??????",质量控制部分的结束符为"******",附加信息部分的结束符为"######"。

5.8.3 台站参数

台站参数是文件的第 1 条记录,由 12 组数据构成,排列顺序为区站号、纬度、经度、观测场海拔高度、气压感应器海拔高度、风速感应器距地(平台)高度、观测平台距地高度、观测方式和测站类别、观测项目标识、质量控制指示码、年份、月份。各组数据间隔符为 1 位空格。

1. 区站号(IIiii),由 5 位数字或字母组成,前 2 位为区号,后 3 位为站号。

2. 纬度(QQQQQ),由 4 位数字加 1 位字母组成,前 4 位为纬度,其中 1～2 位为度,3～4 位为分,位数不足,高位补"0"。最后一位"S""N"分别表示南、北纬。

3. 经度(LLLLLL),由 5 位数字加 1 位字母组成,前 5 位为经度,其中 1～3 位为度,4～5 位为分,位数不足,高位补"0"。最后一位"E""W"分别表示东、西经。

4. 观测场海拔高度($H_1H_1H_1H_1H_1H_1$),由 6 位数字组成,第 1 位为海拔高度参数,实测为"0",约测为"1"。后 5 位为海拔高度,单位为 0.1 m,位数不足,高位补"0"。若测站位于海平面以下,第 2 位录入"-"号。

5. 气压感应器海拔高度($H_2H_2H_2H_2H_2H_2$),规定同观测场海拔高度。

6. 风速感应器距地(平台)高度($H_3H_3H_3$),由 3 位数字组成,单位为 0.1 m,位数不足,高位补"0"。

7. 观测平台距地高度($H_4H_4H_4$),由 3 位数字组成,单位为 0.1 m,位数不足,高位补"0"。

8. 观测方式和测站类别(Sx_1x_2),"S"为测站类别标识符(保留字),用大写字母表示。x_1x_2 由 2 位数字组成,x_1 表示观测方式,x_2 表示测站类别。$x_1=0$ 时器测项目为人工观测,$x_1=1$ 时,器测项目为自动站观测。$x_2=1$ 为基准站,$x_2=2$ 为基本站,$x_2=3$ 为一般站(4 次人工观测),$x_2=4$ 为一般站(3 次人工观测),$x_2=5$ 为无人自动观测站。

9. 观测项目标识($y_1 y_2 y_3 y_4 y_5 y_6 y_7 y_8 y_9 y_{10} y_{11} y_{12} y_{13} y_{14} y_{15} y_{16} y_{17} y_{18} y_{19} y_{20}$)。由 20 个字符 $y_1……y_{20}$ 组成,分别表示 A 文件 20 个要素全月数据状况。$y_1=0$ 表示人工观测,$y_1=1$ 表示自动站观测(若由自动站观测和人工观测两段构成时,该月所有的数据统一视为自动站观测数据),$y_1=9$ 表示全月数据缺测。

10. 质量控制指示码(C)。C=0 表示文件无质量控制部分,C=1 表示文件有质量控制部分。

11. 年份(YYYY),由 4 位数字组成。

12. 月份(MM),由 2 位数字组成,位数不足,高位补"0"。

5.8.4 观测数据

5.8.4.1 数据结构

1. 各要素排列

观测数据由 20 个地面要素构成,每个要素在文件中的排列顺序是固定的。20 个要素的名称(指示码)排列顺序如下:气压(P)、气温(T)、湿球温度(I)、水汽压(E)、相对湿度(U)、云量(N)、云高(H)、云状(C)、能见度(V)、降水量(R)、天气现象(W)、蒸发量(L)、积雪(Z)、电线积冰(G)、风(F)、浅层地温(D)、深层地温(K)、冻土深度(A)、日照时数(S)、草面(雪面)温度(B)。

其中海平面气压归并到气压,露点温度归并到湿球温度,地面状态归并到草面(雪面)温度,成为该要素的一个数据段。

2. 各要素基本数据格式

每个要素由指示码、方式位及该要素一个月的观测数据组成。

(1)指示码和方式位

指示码和方式位是每个要素数据的第1条记录,要素指示码用大写字母表示,方式位用 0~9、A~Z 表示。当要素指示码后直接为"="时,表示该要素全月缺测;当方式位为 0 且第三位为等号"="时,表示该要素有观测,但全月未出现或者因天气缘故无观测数据。记录结束符为"<CR>"。

(2)各要素数据结构

要素观测数据由一个或几个数据段组成,每个数据段结束符为"=<CR>",如果某段数据缺省,直接用该段结束符"=<CR>"表示;每个数据段由若干条记录组成,每条记录结束符为"<CR>",数据段最后一条记录的结束符直接使用段结束符"=<CR>";每条记录含有若干组数据,每组数据之间用 1 位空格分隔。

3. 数据专用字符

(1)数据组与组之间的间隔符,若无特殊规定和说明,一律为 1 位空格。

(2)记录缺测,用相应位数的"/"表示。

(3)云量(含 24 次观测)一日结束须录入"<CR>"。

(4)云状和云高一个时次结束须录入","。若云状方式位 X=A 和云高方式位 X=B 时,一个记录结束须录入"<CR>",一日结束须录入".<CR>";若方式位 X≠A 时,一日结束须录入"<CR>"。

(5)一种天气现象结束须录入",",一日结束须录入".<CR>"。

(6)其余的要素项和方式位,若每天观测次数小于 24 次,一日结束须录入"<CR>";若每天观测次数等于 24 次,一个记录结束须录入"<CR>",一日结束符须录入".<CR>"。

(7)每段数据月结束须录入"=<CR>"。每个要素最后一段的月结束符同时也是该要素月结束符。

5.8.4.2 各要素数据格式说明

在以下的条目中,每天"4 次""3 次""24 次"分别指每天地面气象观测次数。每天 4 次定时观测时间分别为 02、08、14、20 时;每天 3 次定时观测时间分别为 08、14、20 时;每天 24 次定时观测时间分别为 21 时至 20 时,每 1 小时观测一次。每天应有数据的组数分别为"4 组""3 组""24 组",除说明外,不包括每天的极值。

在以下条目中,极值出现时间(GGgg)为 4 位数,前 2 位为时,后 2 位为分,位数不足,高位补"0"。

本站气压(P)、海平面气压(P_0)

1. 方式位(X)

气压的方式位有 7 个。数据由 2 段组成,第 1 段为本站气压,第 2 段为海平面气压。每段每天数据的组数规定如下：

(1)X＝3。本站气压每天4次定时和自记日最高、最低值共6组；海平面气压每天4次定时值共4组。

(2)X＝4。本站气压、海平面气压段，每段每天4次定时值共4组。

(3)X＝6。本站气压每天3次定时和自记日最高、最低值共5组；海平面气压每天3次定时值共3组。

(4)X＝8。本站气压、海平面气压段，每段每天3次定时值共3组。

(5)X＝B。本站气压每天24次定时及自记日最高、最低值共26组，分为2个记录，第1个记录(21－08时)为12组，第2个记录(09－20时及日最高、最低值)为14组；海平面气压每天4次定时值共4组。

(6)X＝C。本站气压每天24次定时值和日最高、最低值及出现时间共28组，分为2个记录，第1个记录(21－08时)为12组，第2个记录(09－20时和日最高值及出现时间、日最低值及出现时间)为16组；海平面气压每天4次定时值共4组。

(7)X＝D。本站气压每天24次定时值和日最高、最低值及出现时间共28组，分为2个记录，第1个记录(21－08时)为12组，第2个记录(09－20时和日最高值及出现时间、日最低值及出现时间)为16组；海平面气压每天24次定时值共24组，分为2个记录，每个记录12组。

2. 有关技术规定

(1)气压单位为0.1 hPa。

(2)每组4位数。若气压值≥1000.0 hPa，千位数不录入。

气温(T)

1. 方式位(X)

气温的方式位有4个。全月数据只有1段，每天数据的组数规定如下：

(1)X＝0。每天4次定时及日最高、最低值共6组。

(2)X＝9。每天3次定时及日最高、最低值共5组。

(3)X＝A。每天24次定时及日最高、最低值共26组，分为2个记录，第1个记录(21－08时)为12组，第2个记录(09－20时和日最高、最低值)为14组。

(4)X＝B。每天24次定时和日最高、最低值及出现时间共28组，分为2个记录，第1个记录(21－08时)为12组，第2个记录(09－20时和日最高值及出现时间、日最低值及出现时间)为16组。

2. 有关技术规定

(1)气温单位为0.1℃。

(2)每组4位数，第一位为符号位，正为"0"，负为"－"，位数不足，高位补"0"。

湿球温度(I)、露点温度(Td)

1. 方式位(X)

湿球温度项的方式位有4个。数据由2段组成，第1段为湿球温度，第2段为露点温度。每段每天数据的组数规定如下：

(1)X＝2。湿球温度、露点温度段，每段每天4次定时值共4组。

(2)X＝7。湿球温度每天3次定时值共3组；露点温度每天4次定时值共4组。

(3)X＝8。湿球温度每天3次定时值共3组；露点温度每天3次定时值共3组。

(4)X=B。湿球温度、露点温度段,每段每天24次定时值共24组,分2个记录,第1个记录(21—08时)为12组,第2个记录(09—20时)为12组。

2. 有关技术规定

(1)湿球温度、露点温度的单位为0.1℃。

(2)每组4位数,第一位为符号位,正录入"0",负录入"—",位数不足,高位补"0"。

(3)若湿球结冰,符号位改为",",其他3位为记录值;若气温在—10℃以下,湿球无记录,用",,,,"表示。

水汽压(E)

1. 方式位(X)

水汽压的方式位有3个。全月数据只有1段,每天数据的组数规定如下:

(1)X=0。每天4次定时值共4组。

(2)X=9。每天3次定时值共3组。

(3)X=A。每天24次定时值共24组,分2个记录,第1个记录(21—08时)为12组,第2个记录(09—20时)为12组。

2. 有关技术规定

(1)水汽压单位为0.1 hPa。

(2)每组3位数,位数不足,高位补"0"。

相对湿度(U)

1. 方式位(X)

相对湿度的方式位有6个。全月数据只有1段,每天数据的组数规定如下:

(1)X=0。每天4次定时值及自记日最小值共5组。

(2)X=2。每天4次定时值共4组。

(3)X=7。每天3次定时值及自记日最小值共4组。

(4)X=9。每天3次定时值共3组。

(5)X=A。每天24次定时及自记日最小值共25组,分为2个记录,第1个记录(21—08时)为12组,第2个记录(09—20时及日最小值)为13组。

(6)X=B。每天24次定时值和自动观测日最小值及出现时间共26组,分为2个记录,第1个记录(21—08时)为12组,第2个记录(09—20时和日最小值及出现时间)为14组。

2. 有关技术规定

(1)相对湿度单位为%。

(2)每组2位数,位数不足,高位补"0"。

(3)相对湿度为100时,用"%%"表示。

云量(N)

1. 方式位(X)

云量的方式位有3个。数据由2段组成,第1段为总云量,第2段为低云量。每段每天数据的组数规定如下:

(1)X=0。总、低云量段,每段每天4次定时值共4组。

(2)X=9。总、低云量段,每段每天3次定时值共3组。

(3)X=A。总、低云量段,每段每天24次定时值共24组。

2. 有关技术规定

(1)云量单位为成,取整数。

(2)云量每组2位数,位数不足,高位补"0"。

(3)符号"10"或"10－"一律录入"11"。

云高(H)

1. 方式位(X)

云高的方式位有3个,全月数据只有1段,其数据格式规定如下:

(1)X=0。每天4个时次的云高。

(2)X=9。每天3个时次的云高。

(3)X=B。每天录入24个时次的云高,分为4个记录,每个记录录入的时次数分别为8、5、5、6次。

2. 有关技术规定

(1)只录入实测云高,无实测云高时直接录入"H="。

(2)云高单位为m。

(3)每个时次云高的数量不限。出现有两种云状的云高,或者同一云底有两个云高,每种云高为一组,每组云高长7位,前2位为云状(CC),取云状符号前2位,后5位为云高,位数不足,高位补"0",组间隔符为空格。每个时次间隔符为","。

(4)在一次观测中,若无云直接录入时次结束符",",若缺测先录入"///",再录入","。

非自动观测的实测云高记录仍保留,云高前的云属按缺测处理。自动观测的实测云高记录暂不录入。

云状(C)

1. 方式位(X)

云状的方式位有3个。全月数据只有1段,每天云状观测时次规定如下:

(1)X=0。每天4个时次的云状。

(2)X=9。每天3个时次的云状。

(3)X=A。每天24个时次的云状,分为4个记录,每个记录录入的时次数分别为8、5、5、6次。

2. 有关技术规定

(1)每个时次云状的数量不限。一种云状为一组,由3位符号组成,组间隔符为空格。

(2)因天气现象影响云状观测时,在云状前增录一组影响该云状的天气现象编码(2位),接着录入云状符号。

(3)在一次观测中,若无云直接录入时次结束符",",若缺测先录入"///",再录入","。

(4)无云状观测任务时,直接录入"C="。

能见度(V)

1. 方式位(X)

能见度的方式位有5个,全月数据只有1段,每天数据的组数规定如下:

(1)X=0。每天4次定时值共4组,每组3位数。

(2)X=7。每天3次定时值共3组(级别),每组1位数。

(3)X=8。每天4次定时值共4组(级别),每组1位数。

(4)X=9。每天3次定时值共3组,每组3位数。

(5)X＝A。每天24次定时值共24组,分为2个记录,每个记录为12组,每组3位数。

(6)X＝B。每天24次定时值和自动观测日最小值及出现时间共26组,分为2个记录,第1个记录(21－08时)为12组,第2个记录(09－20时和日最小值及出现时间)为14组,除出现时间为每组4位数外,其余每组5位数。

2. 有关技术规定:

(1)方式位X＝0、9、A时,单位为0.1 km,位数不足,高位补"0";方式位X＝7、8时,单位为级别。

(2)方式位X＝B时,单位为m,位数不足,高位补"0"。

(3)当人工观测能见度≥100.0 km时,方式位X＝0、9、A时,录入"999"。

(4)自动观测能见度的方式位,采用自动观测方式X＝B。

降水量(R)

1. 方式位(X)

降水量的方式位有3个。方式位X＝2时,只有定时降水量即20－08、08－20、20－20时降水量一段;方式位X＝0时,由2段组成,第1段为定时降水量,第2段为自记1小时和10分钟最大降水量;方式位X＝6时,由3段组成,第1段为定时降水量即20－08、08－20、20－20时降水量,第2段为自记(或自动观测)每小时降水量,第3段为降水上下连接值。每段每天数据的组数规定如下:

(1)X＝0。定时降水量每天3组;第2段每天自记1小时、10分钟最大降水量共2组。

(2)X＝2。只有一段,定时降水量每天3组。

(3)X＝6。定时降水量段每天3组;自记降水量段每天(21－20时)共24组,分为2个记录,每个记录为12组;降水上下连接值段每月3组。

2. 有关技术规定

(1)降水量单位为0.1 mm。

(2)降水量每组4位数,位数不足,高位补"0"。

(3)无降水量录入"0000",微量录入",,,,"。

(4)若降水量≥1000.0 mm,取整数(小数四舍五入),四位数中第一位用一特定符号表示,即";"表示1000＋、":"表示2000＋,后3位为降水量。如某日降水量1672.4,录入";672"。

(5)自记降水连续缺测一个以上时段,缺测时段的降水量为累计量时,在缺测的起始时段录入"A---",中间时段录入"----",终止时段录入累计降水量。例如,缺测时段从02－03时到05－06时,气表－1上记录为"←－－－－－－－－－－－－6.1",A文件记录为"A－－－ －－－－ －－－－ 0061"。

(6)降水上下连接值每月3组。第一组由4位数组成,录入当月最后一天20时至下月1日08时降水量,无降水量录入"0000",缺测录入相应位数的斜杠"/"。第二组由10位数字、符号组成,录入上月末段连续降水(或无降水)开始日期、月份和年份;日期、月份为2位,年份为4位,位数不足,高位补"0",中间间隔符为"/",如2015年9月30日应录入"30/09/2015";连续降水(或无降水)开始日期可上跨月、跨年挑取。第三组由5位数组成,录入上月末段连续降水量,若无连续降水量须录入"00000"。每组录满规定位数,位数不足,高位补"0"。

天气现象(W)

1. 方式位(X)

天气现象的方式位有1个。全月数据只有1段,其数据格式规定如下:

X＝0。按天气现象栏记载的先后次序,以日以天气现象为单位录入,每天一条记录。先录入1组天气符号编码(2位),然后录入空格,接着录入天气现象起时与止时各一组,每组4位,前2位录入时(GG),后2位录入分(gg),位数不足,高位补"0"。

2. 有关技术规定

(1)若起止时间中间是虚线,则组间录入3个空格;若起止时间有间断两次或以上者,则每一间断录入一上撇号"'"。

(2)某天出现多种天气现象,每种现象结束须录入现象结束符",",一天结束须录入日结束符".",若全天无天气现象,则只录入"."。

(3)天气现象在演变过程中,则演变过程的天气符号编码与起止时间,均按记录顺序录入;若同时有两种天气现象,则须分别录入。

(4)大风,在按上述规定录完天气现象编码及起止时间后,接着录入间隔符";",在";"号后面,先录入最大风速3位数,然后录入空格,再录入风向。若大风现象中无风速记载,则只录入","即可。

(5)夜间不守班。夜间天气现象先录入"(",结束录入")",中间只录入天气现象编码,编码间录入","。

(6)若天气现象符号后,只有起时无止时,则录完起时后接着录入","。若只有天气现象,无起止时间,在录完天气现象编码后接着录入","。

(7)若起止时间缺测,则按缺测处理。

(8)某天因缺测无记录时,录入"//,."。

(9)同一种天气现象连续出现,只录入起时与止时。

(10)同一种天气现象,既有连续又有间断出现时,可按间断情况录入,也可按连续、间断时间录入。

(11)雾、沙尘暴、浮尘、霾等视程障碍天气现象符合记录最小能见度条件时,一种视程障碍现象一天只记录一个最小能见度。最小能见度以米(m)为单位,取整数,占3位,位数不足高位补"0",录完天气现象编码或起止时间后接着录入间隔符";"和3位最小能见度,然后再录入","。

霾的最小能见度和夜间最小能见度紧接在天气现象编码后录入;若最小能见度缺测,在间隔符";"后录入"///"。

蒸发量(L)

1. 方式位(X)

蒸发量的方式位有3个。数据由2段组成,第1段为小型蒸发量,第2段为E601B(或大型)蒸发量。每段每天数据的组数规定如下:

(1)X＝0。小型、E－601(或大型)段,每段每天日总量1组。

(2)X＝A。小型段每天日总量1组;E－601B(或大型)段每天24次定时值和日总量共25组,分为2条记录,第一条记录为21－08时蒸发量共12组,第二条记录为09－20时蒸发量和日总量共13组。

(3)X＝B。小型段每天日总量1组;E－601B(或大型)段每天24次定时值共24组,分为2个记录,每个记录为12组。

2. 有关技术规定

(1)蒸发量单位为 0.1 mm。

(2)每组 3 位数,位数不足,高位补"0"。

(3)小型蒸发皿或 E-601B(大型)蒸发桶结冰。若有记录时,只录入量,结冰符号不予考虑;若无记录时,录入",,,"。

(4)若 E-601B 型蒸发器全月无记录时,在小型记录月结束符"=<CR>"后,接着录入"=<CR>"。

当自动站观测的蒸发量时值有缺测,使日总量值缺测时,可用人工观测的日蒸发量代替,此时人工观测的日蒸发量记录在 19-20 时,在 A 文件中,其他时次用"-"代替。

积雪(Z)

1. 方式位(X)

积雪的方式位只有 1 个。全月数据只有 1 段,每天数据的组成规定如下:

X=0。每天 2 组,第 1 组为雪深,第 2 组为雪压。

2. 有关技术规定

(1)雪深单位为 cm;雪压单位为 0.1 g/cm^2。

(2)每组 3 位数,位数不足,高位补"0"。

(3)雪深<5 cm 无雪压,雪压一律补"000",雪深≥5 cm 无雪压,雪压按缺测处理。积雪微量,雪深录入",,,",雪压录入"000"。

(4)自动观测积雪的方式位 X=0。雪深记录以 08 时或补测时次的自动观测记录代替。

电线积冰(G)

1. 方式位(X)

电线积冰的方式位有 2 个。方式位 X=0 时,由 2 段组成,第 1 段为雨凇,第 2 段为雾凇;方式位 X=2 时,只有 1 段。每段每天数据的组成规定如下:

(1)X=0。雨凇、雾凇段,每段每天 6 组,分别为南北方向和东西方向的直径、厚度和重量,各组的位数分别为 3、3、5、3、3、5,位数不足,高位补"0"。

(2)X=2。全月只有 1 段,每天 9 组,分别为现象编码、南北方向和东西方向的直径、厚度、重量和气温、风向风速,各组的位数分别为 4、3、3、5、3、3、5、4、6,位数不足,高位补"0"。其中现象编码的前 2 位为雨凇,后 2 位为雾凇,若某现象缺,在其相应的位置上录入"00";风向风速为一组,前 3 位为风向,风向采用 16 个方位和静风的缩写字母"C"录入,位数不足,高位补"P",后 3 位为风速,单位为 0.1 m/s。

2. 有关技术规定

(1)雨凇和雾凇直径单位为 mm,厚度单位为 mm,重量单位为 g/m。

(2)在一次积冰过程中,某些日期有现象,按规定不测直径、厚度、重量,其记录为空白时,在其相应的位置上录入相应位数的"-"。

风(F)

1. 方式位(X)

风的方式位共有 4 个。数据由 3 段组成,第 1 段为 2 分钟平均风向风速,第 2 段为 10 分钟平均风向风速,第 3 段为最大、极大风及出现时间。每段每天数据的组数规定如下:

(1)X=E。第 1 段每天 4 次定时值共 4 组;第 2 段每天 24 次定时值共 24 组,分为 4 个记录,每个记录为 6 组;第 3 段每天最大、极大风共 4 组,第 2、4 组分别为最大、极大风出现时间。

(2)X＝H。第 1 段每天 3 次定时值共 3 组;第 2 段每天 24 次定时值共 24 组,分为 4 个记录,每个记录为 6 组;第 3 段每天最大、极大风共 4 组,第 2、4 组分别为最大、极大风出现时间。

(3)X＝K。第 1 段和第 2 段,每段每天 24 次定时值共 24 组,分为 4 个记录,每个记录为 6 组;第 3 段每天最大、极大风共 4 组,第 2、4 组分别为最大、极大风出现时间。

(4)X＝N。第 1 段和第 2 段,每段每天 24 次定时值共 24 组,分为 4 个记录,每个记录为 6 组;第 3 段每天最大、极大风共 4 组,第 2、4 组为出现时间。

2. 有关技术规定

(1)风向风速每组 6 位,第 1 段和第 2 段前 3 位为风向,后 3 位为风速,最大、极大风前 3 位为风速,后 3 位为风向。

(2)方式位 X＝N 时,风向单位为度,位数不足,高位补"0",当风向为"C"时,录入"PPC";其余的方式位风向按风向缩写(字母)录入,风向按 8 个方位记载时,不足 3 位,高位补"A",风向按 16 个方位记载时,不足 3 位,高位补"P"。

(3)风速单位为 0.1 m/s,无小数须补"0",位数不足,高位补"0"。除方式位 X＝N 时风速不考虑仪器超刻度情况外,其余方式位中风速若超出仪器刻度范围时,3 位数中第一位用特定符号">"表示,风速取整数(小数四舍五入)。如风速超过 30.0 m/s,录入">30"。

浅层地温(D)

1. 方式位(X)

浅层地温的方式位有 7 个。方式位 X＝1 时,由 5 段组成,每段对应的深度分别为 0、5、10、20、30 cm;其余的方式位,由 6 段组成,每段对应的深度分别为 0、5、10、15、20、40 cm。每段每天数据的组数规定如下:

(1)X＝0。0 cm 段每天 4 次定时和日最高、最低值共 6 组;5、10、15、20、40 cm 段,每段每天 4 次定时值共 4 组。

(2)X＝1。0 cm 段每天 3 次定时及日最高、最低值共 5 组;5、10、20、30cm 段,每段每天 3 次定时值共 3 组。

(3)X＝2。0、5、10、15、20、40 cm 段,每段每天 4 次定时值共 4 组。

(4)X＝7。0 cm 段每天 4 次定时和日最高、最低值共 6 组;5、10、15、20、40 cm 段,每段每天 3 次定时值共 3 组。

(5)X＝8。0、5、10、15、20、40 cm 段,每段每天 3 次定时值共 3 组。

(6)X＝9。0 cm 段每天 3 次定时及日最高、最低值共 5 组;5、10、15、20、40cm 段,每段每天 3 次定时值共 3 组。

(7)X＝B。0 cm 段每天 24 次定时和自动观测日最高、最低值及出现时间共 28 组,分为 2 个记录,第 1 个记录(21－08 时)为 12 组,第 2 个记录(09－20 时和日最高值及出现时间、日最低值及出现时间)为 16 组;5、10、15、20、40 cm 段,每段每天 24 次定时值共 24 组,分为 2 个记录,每个记录 12 组。

2. 有关技术规定

(1)浅层地温单位为 0.1℃。

(2)每组 4 位数。第一位为符号位,正为"0",负为"－",位数不足,高位补"0"。

(3)地温超刻度记录,超上限(即＞)者,符号位为".",超下限(即＜)者,符号位为"+"。

(4)某深度从某天以后无记录,录完某天记录后,接着录入月结束符"=<CR>",某天以前无记录,则按缺测处理。

深层地温(K)

1. 方式位(X)

深层地温的方式位有 3 个。方式位 X=0、1 时,由 1 段组成;方式位 X=B 时,由 3 段组成,每段对应的深度分别为 80、160、320 cm。每段每天数据的组数规定如下:

(1)X=0。每天 14 时 80、160、320 cm 地温共 3 组。

(2)X=1。每天 14 时 50、100、200、300 cm 地温共 4 组。

(3)X=B。80、160、320 cm 段,每段每天 24 次定时值共 24 组,分为 2 个记录,每个记录 12 组。

2. 有关技术规定

(1)深层地温单位为 0.1℃。

(2)每组为 4 位数,第一位为符号位,正录入"0",负录入"—",位数不足,高位补"0"。

(3)方式位 X=0 时,若全月无某个深度记录时,在相应位置录入"////"。

冻土深度(A)

1. 方式位(X)

(1)X=0。冻结层按全式记录处理,每天 4 组,第 1、2 组分别为第 1 冻结层的上下限,第 3、4 组分别为第 2 冻结层的上下限,无第 2 冻结层须补"0"。

(2)X=6。第 1 冻结层按全式记录处理,无第 2 冻结层,每天 2 组。

2. 有关技术规定

(1)冻土深度单位为 cm。

(2)每组 3 位数,位数不足,高位补"0"。

(3)冻土深度为微量时,上下限分别录入",,,"。当地表略有融化,土壤下面仍有冻结时,上限为",,,",下限可以有数值。冻土超刻度记录,在实有值上加"500"录入。

日照(S)

1. 方式位(X)

日照的方式位有 3 个,全月数据只有 1 段,每天数据的组数规定如下:

(1)X=0。每天日照总时数 1 组。

(2)X=2。每天各时(03—21)日照时数共 18 组及日照总时数 1 组。

(3)X=A。每天各时(01—24)日照时数共 24 组及日出时间、日落时间、日照总时数各 1 组。

2. 有关技术规定

(1)日照时数单位为 0.1 h。

(2)各时日照时数,每组为 2 位数;日照总时数,每组为 3 位数;日出和日落时间(GGgg)为计算值,每组为 4 位数,前 2 位为时,后 2 位为分。以上各项位数不足,高位补"0"。

(3)日落至日出期间,各时日照时数一律为"NN";日出至日落期间,无日照一律为"00"。

草面(雪面)温度(B)

1. 方式位(X)

草面(雪面)温度的方式位有 1 个。数据分 2 段组成,分别为草面(雪面)温度和地面状态。

每段每天数据的组数规定如下：

X＝A。草面(雪面)温度段，每天24次定时值和极值共28组，分为2条记录，第一条记录为21－08时定时草面(雪面)温度共12组，第二条记录为09－20时定时草面(雪面)温度和日最高、最高出现时间、日最低、最低出现时间共16组；地面状态段每天地面状态编码1组，每天一条记录。

2．有关技术规定

(1)草面(雪面)温度单位为0.1℃。

(2)每组4位数。第一位为符号位，正为"0"，负为"－"，位数不足，高位补"0"。

(3)地面状态为2位数，缺测为"//"。

5.8.5 质量控制

质量控制部分位于观测数据之后，若文件首部质量控制指示码为"0"，则无质量控制部分，在观测数据部分结束符"??????＜CR＞"后直接录入质量控制部分结束符"＊＊＊＊＊＊＜CR＞"。

质量控制部分，分为质量控制码段和更正数据段。若没有更正数据段，则质量控制码段后直接为"＝＜CR＞"。

5.8.5.1 质量控制码段

1．质量控制码

质量控制码表示数据质量的状况。根据数据质量控制流程，将其分为三级：台站级、省(地区)级和国家级。质量控制码用3位整数表示，百位表示台站级，十位表示省(地区)级，个位表示国家级。如质量控制码为"111"，表示该数据台站级、省(地区)级和国家级质量控制都认为是可疑值。质量控制码含义为：

0：数据正确

1：数据可疑

2：数据错误

3：数据有订正值

4：数据已修改

8：数据缺测

9：数据未作质量控制

2．质量控制码段技术规定

质量控制码段由观测数据的质量控制码组成，各要素、各数据段、各数据组质量控制码的排列顺序同观测数据部分。

质量控制码段各要素指示码和方式位、数据段、数据组同观测数据部分规定。质量控制码段和观测数据部分各要素的指示码和方式位相同，只是在指示码和方式位前加"Q"，如观测数据部分气压为"PC"，质量控制码段气压为"QPC"。除天气现象每天一个质量控制码，云高和云状为每时次一个质量控制码外，观测数据部分的每个数据都要有相应的质量控制码。

质量控制码为一天一条记录，每天的数据组数与观测数据部分每天数据组数相等，质量控制码为3位整数，分隔符为空格。每个要素段全月质量控制码结束符为"＝＜CR＞"，置于最后一天数据组之后。

5.8.5.2 更正数据段

更正数据段是订正和修改数据的更正情况记录,更正数据段记录个数不限,每个订正或修改数据为一条记录,每条记录结束符为"<CR>",每次订正或修改均添加到最后一条记录后面,不必考虑要素顺序。更正数据段结束符为"=<CR>",置于最后一条订正或修改记录的最后一个数据之后。

1. 订正数据和修改数据定义

订正数据是指原始观测数据疑误或缺测,通过一定的统计方法计算或估算的数据;该数据不替代"观测数据"部分的原数据,只需要按规定格式在更正数据段记录其订正状况。

修改数据是指原始观测数据疑误或缺测,经过查询确认正确的数据;该数据替代"观测数据"部分的原数据,同时按规定格式在更正数据段记录其修改状况。

2. 更正数据格式

每条订正或修改记录的格式为:

"更正数据标识 要素 段数 日期 组数 级别 原始值 订正(修改)值<CR>"。

更正数据标识指该更正数据为订正数据还是修改数据,"3"表示订正数据,"4"表示修改数据。级别指哪一级进行的更正,台站级为"1",省(地区)级为"2",国家级为"3"。更正数据标识为1位整数,要素为1位字母,段数为1位整数,日期为2位整数,组数为2位整数,级别为1位整数,原始值和订正(修改)值用"[ ]"括起,数据格式按各要素技术规定,数据不足规定位数时,高位补"0"。更正数据标识、要素、段数、日期、组数、级别、原始值、订正(修改)值之间用1位空格作为间隔符。若某数据段无日期表示,则日期为"//"。

如某站3日第2组本站气压台站上报的A文件中为"缺测",省级通过统计方法计算的数据为"10020"。订正数据应写为:"3 P 1 03 02 2 [////] [0020]<CR>"。

5.8.6 附加信息

附加信息部分由"月报封面""纪要""本月天气气候概况""备注"四个数据段组成,各段数据结束符为"=<CR>"。

5.8.6.1 月报封面

1. 标识符:YF<CR>"
2. "月报封面"数据段由12条记录组成,各条记录只有一组数据。
3. 各条记录规定

(1)台站档案号(DDddd):由5位数组成,前2位为省(市、区)编号,后3位为台站编号。

(2)省(自治区、直辖市)名:不定长,最大字符数为20,为台站所在省(自治区、直辖市)名全称,如"广西壮族自治区"。

(3)台站名称:不定长,最大字符数为36,为本台(站)的单位名称。

(4)地址:不定长,最大字符数为42,为台(站)所在详细地址,所属省(自治区、直辖市)名称可省略。

(5)地理环境:不定长,最大字符数为20。台站若同时处于两个以上环境,则并列录入,其间用半角";"分隔,如"市区;山顶"。

(6)台(站)长:不定长,最大字符数为16,为台(站)长姓名。

(7)输入:不定长,最大字符数为 16,为观测数据录入人员姓名,如多人参加录入,选填一名主要录入者。

(8)校对:不定长,最大字符数为 16,为观测数据录入校对人员姓名,如多人参加校对,选填一名主要校对者。

(9)预审:不定长,最大字符数为 16,为报表数据文件预审人员姓名。

(10)审核:不定长,最大字符数为 16,为报表数据文件审核人员姓名。

(11)传输:不定长,最大字符数为 16,为报表数据文件传输人员姓名。

(12)传输日期(YYYYMMDD):8 个字符,为报表数据报送传输时间,其中"年"占 4 位,"月""日"各占两位,位数不足,高位补"0"。

5.8.6.2 纪要

1. 标识符:JY<CR>

2. "纪要"数据段由若干条记录组成,每条记录由项目标识码、日期、文字描述 3 组数据组成。各组数据之间分隔符为"/"。

(1)项目及标识码:

01:重要天气现象及其影响

02:台站附近江、河、湖、海状况

03:台站附近道路状况

04:台站附近高山积雪状况

05:冰雹记载

06:罕见特殊现象

07:人工影响局部天气情况

08:其他事项记载

(2)未出现的项目不录入。如某项月内出现多次,按标识码重复录入。本月所有项目均未记载,则录入:

JY<CR>

8888=<CR>

(3)日期、文字描述为不定长记录,其中日期最大字符数为 5。本月内连续多天出现的现象,日期记起、止日期,中间用"一"分隔。有关现象文字描述要求简明扼要。

3. 各条记录规定

(1)重要天气现象及其影响:某些强度很大或很罕见的天气现象出现时,应予录入。其文字描述内容包括:天气现象名称、出现地点、持续时间、强度变化、方向路径、受灾范围、损害程度。

(2)台站附近江、河、湖、海状况:记载其泛滥、封冻、解冻等情况。

(3)台站附近道路状况:记载台站附近铁路、公路及主要道路因雨淞、沙阻、雪阻或泥泞、翻浆、水淹等影响中断交通的情况。

(4)台站附近高山积雪状况:记载积雪的山名、方向、起止日期(本月内)。

(5)冰雹记载:冰雹最大直径值和最大平均重量值。

(6)罕见特殊现象:记载本站视区内出现的罕见特殊现象,如海市蜃楼、峨眉宝光等。

(7)人工影响局部天气情况:记载当本地范围内进行人工影响局部天气(包括人工降雨、防霜、防雹、消雾等)作业时,应注明其作业时间、地点。

(8)其他事项记载:地面气象观测规范各章规定应记载的内容。

5.8.6.3 本月天气气候概况

1. 标识符:GK＜CR＞

2."本月天气气候概况"数据段最多由5条记录组成,每条记录由项目标识码及项目内容描述两组数据组成。各组数据之间分隔符为"/"。

(1)项目及标识码:

01:主要天气气候特点

02:主要天气过程

03:重大灾害性、关键性天气及其影响

04:持续时间较长的不利天气影响

05:天气气候综合评价

(2)主要天气气候特点和天气气候综合评价(即01和05项)记录为必报项目;其他项目如未出现,可不录入。

(3)各条记录文字描述内容为不定长,文字要求简明扼要。

3. 各条记录规定

(1)主要天气气候特点:内容包括气温特征及与常年平均值、极端值比较,降水特征与常年平均值、极端值比较,主要天气气候特点及程度描述。

(2)主要天气过程:内容包括天气过程性质及次数,如降水次数、冷空气活动、台风等及其出现时间、影响情况。

(3)重大灾害性、关键性天气及其影响:内容包括灾害性、关键性天气名称、出现时间、地点、影响范围、程度。

(4)持续时间长的不利天气影响:指长期干旱、少雨、连阴雨等不利天气对工农业生产及其他方面产生的影响,应综合前一月或几个月情况进行分析。

(5)本月天气气候综合评价:对本月天气气候情况做综合性评述。

5.8.6.4 备注

1. 标识符:BZ＜CR＞

2."备注"数据段内容分"气象观测中一般备注事项记载"和"有关台站沿革变动情况记载"。

(1)气象观测中一般备注事项记载。由多条记录组成,每条记录由标识码(BB)、事项时间(DD或DD－DD)、事项说明3组数据组成,事项说明数据组为不定长。各组数据之间分隔符为"/"。

(2)有关台站沿革变动情况记载。由多条记录组成,每条记录由变动项目标识码、变动时间(DD)及变动情况多组数据组成。各变动情况数据组为不定长,但不得超过规定的最大字符数。各组数据之间分隔符为"/"。

台站沿革变动项目及标识码如下:

01:台站名称　　02:区站号　　　03:台站级别
04:所属机构　　05[55]:台站位置　06:障碍物

07[77]:观测要素　　　08:观测仪器　　　09:观测时制
10:观测时间　　　　11:守班情况　　　12:其他变动事项

其中标识码"10"和"11"项为必报项,其余项目如未出现,则该项缺省;如某项多次变动,按标识码重复录入。

台站位置迁移,其变动标识用"05";台站位置不变,而经纬度、海拔高度因测量方法不同或地址、地理环境改变,其变动标识用"55"。增加观测要素,其变动标识用"07";减少观测要素,其变动标识用"77"。

3. 各条记录规定

(1)一般备注事项标识:按规定的标识码"BB"录入。如多条备注事项记录,按标识码重复录入。

(2)事项时间(DD或DD－DD):不定长,最大字符数为5。录入具体事项出现日期(DD)或起止日期,起、止时间用"－"分隔。若某一事项时间比较多而不连续,其起、止时间记第一个和最后一个时间,并在事项说明中分别注明出现的具体时间。

(3)事项说明:包括对某次或某时段观测记录质量有直接影响的原因、仪器性能不良或故障对观测记录的影响、仪器更换(非换型号)、非迁站情况的台站周围环境变化(包括台站周围建筑物、道路、河流、湖泊、树木、绿化、土地利用、耕作制度、距城镇的方位距离等)对观测记录的影响以及观测规范规定应备注的其他事项。涉及台站沿革变动的事项放在有关变动项目中录入。

(4)项目变动标识:按规定的项目变动标识码录入。

(5)变动时间(DD):2个字符,为项目具体变动的日期(DD),位数不足,高位补"0"。

(6)台站名称:不定长,最大字符数为36,为变动后的台站名称。

(7)台站级别:不定长,最大字符数为10。指"基准站""基本站""一般站""自动气象站",按变动后的台站级别录入。

(8)所属机构:不定长,最大字符数为30。指气象台站业务管辖部门简称,填到省、部(局)级,如"国家海洋局"。气象部门所属台站填"某某省(市、区)气象局",按变动后的所属机构录入。

(9)纬度:同"台站参数"部分,按变动后纬度录入。

(10)经度:同"台站参数"部分,按变动后经度录入。

(11)观测场海拔高度:同"台站参数"部分,按变动后观测场海拔高度录入。

(12)地址:不定长,最大字符数为42。同"月报封面"数据段,按变动后地址录入。

(13)地理环境:不定长,最大字符数为20。同"月报封面"数据段,按变动后地理环境录入。

(14)距原址距离方向:9个字符,其中距离5位、方向3位、分隔符";"1位。距离不足位,前位补"0"。方向不足位,后位补空。距原址距离方向为台站迁址后新观测场距原站址观测场直线距离和方向。距离以m为单位;方向按16方位的大写英文字母表示。

(15)方位:3个字符,按16方位的大写英文字母表示,不足位,后位补空。若同一方位有两个以上障碍物,选对观测记录影响较大的障碍物录入。若同一障碍物影响几个方位时,按所影响的方位分别录入。某方位无障碍物影响,该方位不必录入。

(16)障碍物名称:不定长,最大字符数为6。所谓障碍物是指观测场以外高于观测场地面

1 m以上的建筑物、构筑物、树木、作物等物体。国家级地面气象观测站控制区内障碍物的限制要求详见《气象探测环境保护规范　地面气象观测站》(GB31221—2014)。应录入观测场周围对气象观测记录的代表性、准确性、比较性有直接影响的障碍物名称,如"建筑物""树木"等,照实填报。

(17)仰角:2个字符,不足位,前位补"0",为障碍物的高度角,从观测场中心位置测量,精确到度。

(18)宽度角:2个字符,不足位,前位补"0",为各方位障碍物的宽度角,从观测场中心位置测量,精确到度,障碍物最大的宽度角为23°。

(19)距离:5个字符,不足位,前位补"0",为各方位障碍物距观测场中心的距离,以m为单位。

> 观测场避雷针(塔)、风塔、GPS/MET观测设备、闪电定位仪可不视为障碍物。
> 同一方位有多类障碍物(地形、植物、建筑物)时,每类障碍物都需分别测量,同类障碍物中仅测量和登记仰角最大的那个障碍物。地形被构筑物或树林遮挡,可不测。构筑物全部被成片树林遮挡,应尽量透过缝隙测量,测不到的部位可不测。
> 同一方位有多个障碍物时,应根据距离由远及近的顺序分别测量。
> 25 m×35 m观测场中心以原来25 m×25 m形状时的中心为准。

(20)要素名称:不定长,最大字符数为14,为气象观测要素简称。

(21)仪器名称:不定长,最大字符数为30,为换型后的观测仪器名称。

(22)仪器距地或平台高度:6个字符,不足位,前位补"0",为观测仪器(感应部分)安装距观测场或观测平台高度(注:气压表高度为海拔高度),以0.1 m为单位。若观测仪器(感应部分)低于观测场地面高度,则在高度前加"-"号。气压、气温、湿度、风、降水、蒸发(小型)、日照等气象要素,应录入此项,其他气象要素器测项目的仪器距地高度变动均不录入。

(23)平台距观测场地面高度:4个字符,不足位,前位补"0"。以0.1 m为单位。

(24)观测时制:不定长,最大字符数为10,为变动后的时制。

(25)观测次数:不定长,最大字符数为2,为人工定时观测的次数(3次、5次)。

(26)观测时间:不定长,最大字符数为72,为观测的具体时间,各时次之间用";"分隔。每小时观测一次,则录入"逐时观测"。若连续自动观测,则录入"某时至某时连续观测"或"24小时连续观测"。

例如:2014年1月1日起,基准站附加信息中"观测时间"的内容记录为:
10/05/08;11;14;17;20
10/24/24小时连续观测

例如:2014年1月1日起,基本站、一般站附加信息中"观测时间"的内容记录为:
10/03/08;14;20
10/24/24小时连续观测

(27)夜间守班情况:不定长,最大字符数为6。按"守班""不守班",照实录入。

(28)其他事项说明:不定长,最大字符数为60。指台站所属行政地名改变和对记录质量有直接影响的其他事项(不包括上述各变动事项)。

5.9 分钟观测数据文件(J 文件)

5.9.1 文件名

"分钟观测数据文件"(简称 J 文件)为文本文件,文件名由 17 位字母、数字、符号组成,其结构为"JIIiii-YYYYMM.TXT"。

其中"J"为文件类别标识符(保留字);"IIiii"为区站号;"YYYY"为资料年份;"MM"为资料月份,位数不足,高位补"0";"TXT"为文件扩展名。

5.9.2 文件结构

J 文件由台站参数、观测数据两个部分构成。观测数据部分结束符为"??????"。

5.9.3 台站参数

台站参数由 11 组数据构成,排列顺序为区站号、纬度、经度、观测场海拔高度、气压感应器海拔高度、风速感应器距地(平台)高度、观测平台距地高度、观测方式和测站类别、要素项目标识、年份、月份。各组数据间隔符为空格。

要素项目标识($y_1y_2y_3y_4y_5$),由 5 个字符 y_1……y_5 组成,分别表示 J 文件 5 个要素全月分钟数据状况。以气压为例,$y_1=0$ 表示观测数据部分没有每分钟气压观测数据,$y_1=1$ 表示观测数据部分有每分钟气压观测数据。

其他参数的名称及规定同 5.8.3 节。

5.9.4 观测数据

5.9.4.1 数据结构

1. 数据构成

观测数据部分为全月观测数据,时间尺度为分钟,由台站参数部分要素项目标识中标识为"1"的要素构成,排列顺序如下:

本站气压(P)、气温(T)、相对湿度(U)、降水量(R)、风(F)。

2. 各要素基本数据格式

每个要素由指示码、方式位及该要素一个月的观测数据组成。观测数据每天的时次数不允许出现少于或多于 24 小时,每月的天数不允许出现少于或多于法定天数。缺测在相应位置补"/"。

3. 数据专用字符

在 J 文件中,用作数据区分和控制的字符主要有:1 小时结束为",<CR>",1 日结束为".<CR>",全月结束为"=<CR>"。

5.9.4.2 各要素数据格式规定

1. 本站气压(P)

方式位为"0",全月数据只有 1 段。每小时一条记录,每条记录包括 60 组数据,每组数据占 5 位,位数不足,高位补"0",间隔符为 1 位空格,单位为 0.1 hPa。

2. 气温(T)

方式位为"0",全月数据只有 1 段。每小时一条记录,每条记录包括 60 组数据,每组数据占 4 位,第一位为符号位,正为"0",负为"—",位数不足,高位补"0",间隔符为 1 位空格,单位为 0.1℃。

3. 相对湿度(U)

方式位为"0",全月数据只有 1 段。每小时一条记录,每条记录包括 60 组数据,每组数据占 2 位,位数不足,高位补"0",间隔符为 1 位空格。相对湿度单位为%,取整数。相对湿度为 100 时,用"%%"表示。

4. 降水量(R)

方式位为"0",全月数据只有 1 段。每小时一条记录,每条记录包括 60 组数据,每组数据占 2 位,位数不足,高位补"0",无间隔符。降水量单位为 0.1 mm。若降水量≥9.9 mm 时,为"99"。

在 1 小时之内,某分钟以后、一小时结束之前无降水,录入某分钟降水量后,直接录入时次结束符",<CR>",在某分钟之前的每一分钟,没有降水须录入"00",缺测须录入"//"。

在 1 天之内,某小时无降水,直接录入",<CR>",缺测先录入"/",再录入",<CR>"。在一月之内,某天无降水,直接录入日结束符".<CR>",缺测先录入"/",再录入".<CR>"。月结束符"=<CR>"同时又是每月最后 1 天日结束符。当最后 1 天缺测时只须录入"/=<CR>"。全月无降水,录入"R0=<CR>",全月缺测录入"R=<CR>"。

5. 风(F)

方式位为"0",全月数据只有 1 段,为每分钟平均风向风速。每小时一条记录,每条记录包括 60 组数据,每组数据占 6 位,前 3 位为风向,后 3 位为风速,位数不足,高位补"0",间隔符为 1 位空格。风向单位为度,风速单位为 0.1 m/s。

5.10 地面气象年报数据文件(Y 文件)

5.10.1 文件名

"地面气象年报数据文件"(简称 Y 文件)为文本文件,文件名由 15 位字母、数字、符号组成,其结构为"YIIiii-YYYY.TXT"。

其中"Y"为文件类别标识符(保留字),"IIiii"为区站号,"YYYY"为资料年份,"TXT"为文件扩展名。

5.10.2 文件结构

Y 文件由台站参数、年报数据、附加信息三个部分构成。年报数据部分的结束符为"??????",附加信息部分的结束符为"######"。

5.10.3 台站参数

5.10.3.1 数据结构

台站参数为文件第一条记录,由 10 组数据构成,排列顺序为区站号、纬度、经度、观测场海拔高度、气压感应器海拔高度、风速感应器距地(平台)高度、观测平台距地高度、观测方式和测站类别、质量控制指示码、年份。各组数据间隔符为一位空格。

5.10.3.2 各组数据说明

1. 区站号(Iiiii),由 5 位数字或字母组成,前 2 位为区号,后 3 位为站号,若为区域气象观测站,第 1 个字符为字母。

2. 纬度(QQQQQ),由 4 位数字加一位字母组成,前 4 位为纬度,其中 1～2 位为度,3～4 位为分,位数不足,高位补"0"。最后一位"S""N"分别表示南、北纬。

3. 经度(LLLLLL),由 5 位数字加一位字母组成,前 5 位为经度,其中 1～3 位为度,4～5 位为分,位数不足,高位补"0"。最后一位"E""W"分别表示东、西经。

4. 观测场海拔高度($H_1H_1H_1H_1H_1H_1$),由 6 位数字组成,第一位为海拔高度参数,实测为"0",约测为"1"。后 5 位为海拔高度,单位为 0.1 m,位数不足,高位补"0"。若测站位于海平面以下,第二位录入"—"号。

5. 气压感应器海拔高度($H_2H_2H_2H_2H_2H_2$),规定同观测场海拔高度。

6. 风速感应器距地(平台)高度($H_3H_3H_3$),由 3 位数字组成,单位为 0.1 m,位数不足,高位补"0"。

7. 观测平台距地高度($H_4H_4H_4$),由 3 位数字组成,单位为 0.1 m,位数不足,高位补"0"。

8. 观测方式和测站类别(Sx_1x_2),"S"为测站类别标识符(保留字),用大写字母表示。x_1x_2 由 2 位数字组成,x_1 表示观测方式,x_2 表示测站类别。$x_1=0$ 时器测项目为人工观测,$x_1=1$ 时,器测项目为自动站观测。$x_2=1$ 为基准站,$x_2=2$ 为基本站,$x_2=3$ 为一般站(4 次人工观测),$x_2=4$ 为一般站(3 次人工观测),$x_2=5$ 为无人自动观测站。

9. 质量控制指示码(CCC):第一位"C"为台站质量控制指示码,第二位"C"为省(地区)级质量控制指示码,第三位"C"为国家级质量控制指示码。C=0 表示年报文件没有经过某级"质量控制",C=1 表示年报文件经过某级"质量控制"。

10. 年份(YYYY),由 4 位数字组成。

1～8 组数据如年内有变动,以变动后的数据为准。

5.10.4 年报数据

5.10.4.1 数据结构

1. 年报数据由地面 16 个要素的统计项目构成,每个要素在文件中的排列顺序是固定的。16 个要素的名称(指示码)排列顺序如下:

气压(P)、气温(T)、水汽压(E)、相对湿度(U)、云量(N)、降水量(R)、天气现象(W)、蒸发量(L)、积雪(Z)、电线积冰(G)、风(F)、浅层地温(D)、深层地温(K)、冻土深度(A)、日照时数(S)、草面(雪面)温度(B)。

2. 各要素的基本数据格式

每个要素由指示码及该要素各月、年统计数据组成。

（1）指示码

指示码位于每个要素的第1个记录,其作用是标识要素名称。例如格式"P<CR>"其中 P 为气压要素指示码,用英文字母表示。"<CR>"为记录结束符。

（2）各要素数据结构

每个要素由若干个数据段组成,每个数据段结束符为"=<CR>";每个数据段由若干条记录组成,每条记录结束符为"<CR>";每条记录含有若干组数据,每组数据之间用空格分隔。

3. 数据专用字符

（1）在各要素的数据格式中,如某要素全部（或某段数据、某一组数据）因为缺测而无统计值数据,该要素项目各组数据（或某段数据、某一组数据）按规定格式和位数用"/"表示;

（2）在各要素的数据格式中,如某要素全部（或某段数据、某一组数据）因为观测未出现而无统计值数据,该要素各组数据（或某段数据、某一组数据）按规定格式和位数用"."表示;

（3）在各要素的数据格式中,如某要素全部（或某段全部数据）按规定不观测而无统计值数据,则该要素或数据段数据直接用"=<CR>"表示。

5.10.4.2 各要素数据说明

1. 气压(P)

（1）气压要素项目分本站气压和海平面气压两个数据段。

本站气压数据段:13 条记录。第 1～12 条记录,分别由各月平均、月平均最高和最低、月极端最高和最低及其出现日期 7 组数据组成;第 13 条记录由年平均、年平均最高和最低、年极端最高和最低及其出现月份、日期 9 组数据组成。

海平面气压数据段:13 条记录,每条记录只有各月（年）平均 1 组数据。

（2）气压单位为 0.1 hPa。

（3）气压值为 5 位数,位数不足,高位补"0"。

（4）年、月极端最高和最低记录出现月份(MM)、日期(DD)分别为 2 位数,位数不足,高位补"0"。

（5）月极端最高和最低记录值,出现日期记个数时,加"50"表示。

（6）年极端最高和最低记录值,出现月份或日期记个数时,加"50"表示。

2. 气温(T)

（1）气温要素项目只有一个数据段,13 条记录。第 1～12 记录,分别由各月逐候平均、逐旬平均、月平均、月平均最高和最低、月极端最高和最低及其出现日期 16 组数据组成,第 13 条记录由年平均、年平均最高和最低、年极端最高和最低及其出现月份、日期 9 组数据组成。

（2）气温单位为 0.1℃。

（3）气温值为 4 位数,第一位为符号位,正为"0",负为"－",位数不足,高位补"0"。

（4）年、月极值及出现月份(MM)、日期(DD)的表示同"气压"。

3. 水汽压(E)

（1）水汽压要素项目只有一个数据段,13 条记录。第 1～12 记录,分别由各月平均、月最大/最小及其出现日期 5 组数据组成;第 13 条记录由年平均、年最大/最小及其出现月份、日期

7组数据组成。

(2)水汽压单位为 0.1 hPa。

(3)水汽压值为 3 位数,位数不足,高位补"0"。

(4)年、月极值及出现月份(MM)、日期(DD)的表示同"气压"。

4. 相对湿度(U)

(1)相对湿度要素项目只有一个数据段,13 条记录。第 1~12 记录,分别由各月平均、月最小及其出现日期 3 组数据组成;第 13 条记录由年平均、年最小及其出现月份、日期 4 组数据组成。

(2)相对湿度单位为%。

(3)相对湿度值为 2 位数,位数不足,高位补"0"。

(4)相对湿度为 100 时,用"％％"表示。

(5)年、月极值及出现月份(MM)、日期(DD)的表示同"气压"。

5. 云量(N)

(1)云量要素项目分为平均云量和日平均云量量别日数两个数据段。

平均云量数据段:13 条记录。分别由各月(年)平均总云量和低云量 2 组数据组成。

日平均云量量别日数数据段:13 条记录。分别由各月(年)总云量 0.0~1.9、2.0~8.0、8.1~10.0 日数,低云量 0.0~1.9、2.0~8.0、8.1~10.0 日数 6 组数据组成。

(2)云量单位为 0.1 成。日平均云量量别日数单位为日。

(3)云量值为 3 位数,日平均云量量别日数 3 位数。位数不足,高位补"0"。

6. 降水量(R)

(1)降水量要素项目由降水量、各级降水日数、各时段年最大降水量、最长连续降水日数、最长连续无降水日数五个数据段组成。

降水量数据段:13 条记录。第 1~12 条记录,分别由各月逐候总量、逐旬总量、月总量、日最大及其出现日期 12 组数据组成;第 13 条记录由年总量、日最大及其出现月份、日期 4 组数据组成。

各级降水日数数据段:13 条记录。分别由各月(年)降水≥0.1、≥1.0、≥5.0、≥10.0、≥25.0、≥50.0、≥100.0、≥150.0 mm 日数 8 组数据组成。

各时段年最大降水量数据段:15 条记录。分别由 5、10、15、20、30、45、60、90、120、180、240、360、540、720、1440 分钟的降水量和开始月、日、时、分 5 组数据组成。

最长连续降水日数数据段:13 条记录。第 1~12 条记录,分别由各月最长连续降水日数、降水量和起止月份、日期 6 组数据组成;第 13 条记录由最长连续降水日数、降水量和起止年、月、日 8 组数据组成。

最长连续无降水日数数据段:13 条记录。第 1~12 条记录,分别由各月最长连续无降水日数和起止月份、日期 5 组数据组成;第 13 条记录由年最长连续无降水日数和起止年、月、日 7 组数据组成。

(2)降水量单位为 0.1 mm。降水日数单位为日。

(3)降水量值为 5 位数,降水日数为 4 位。位数不足,高位补"0"。

(4)各时段年最大降水量若出现两次或以上记次数时,月份(MM)、日期(DD)按次数加"50"表示,时(GG)、分(gg)分别记"——"。

(5)各月最长连续(无)降水日数,起止日期记次数时,加"50"表示;年最长连续(无)降水日数,起止月份(MM)、日期(DD)记次数时,加"50"表示,年份(YYYY)记当年实际年份;最长连续(无)降水日数跨年时,其起止年份(YYYY)按实际数字表示。

(6)年、月极值及出现月份(MM)、日期(DD)的表示同"气压"。

(7)各时段年最大降水量,当全年任意1440分钟(24小时)最大降水量都不足10.0mm时,该段数据用"."表示。

7. 天气现象(W)

(1)天气现象要素项目由天气日数和初终日期(月日)两个数据段组成。

天气日数数据段:13条记录。分别由各月(年)雨、雪、冰雹、(冰针)、雾、轻雾、露、霜、雨淞、雾淞、(吹雪)、(龙卷)、积雪、结冰、沙尘暴、扬沙、浮尘、(烟幕)、霾、(尘卷风)、(雷暴)、(闪电)、(极光)、大风、(飑)25组天气日数数据组成。

"()"内的现象自2014年年报表制作时取消统计,在Y文件中用"..."表示。

初终日期(月日)数据段:9条记录。第1~7条记录,分别由霜、雪、积雪、结冰、最低气温≤0.0℃、地面最低温度≤0.0℃,以及草面(雪面)最低温度≤0.0℃的上年度初日、终日、初终间日数和本年度的初日7组数据组成;第8条记录由当年雷暴初日、终日、初终间日数5组数据组成;第9条记录由无霜期日数1组数据组成。

(2)天气日数单位为日。

(3)各月、年天气日数为3位数,初终月份(MM)、日期(DD)分别为2位数。位数不足,高位补"0"。

8. 蒸发量(L)

(1)蒸发量要素项目只有一个数据段,13条记录。分别由各月(年)的小型、E601B型蒸发量2组数据组成。

(2)蒸发量单位为0.1 mm。

(3)蒸发量值为5位数,位数不足,高位补"0"。

9. 积雪(Z)

(1)积雪要素项目只有一个数据段,13条记录。第1~12条记录,分别由各月最大雪深及出现日期,最大雪压及出现日期4组数据组成;第13条记录由年最大雪深及出现月份、日期,最大雪压及出现月份、日期6组数据组成。

(2)雪深单位为cm;雪压单位为0.1 g/cm^2。

(3)雪深、雪压值为3位数,位数不足,高位补"0"。

(4)年、月极值及出现月份(MM)、日期(DD)的表示同"气压"。

10. 电线积冰(G)

(1)电线积冰要素项目只有一个数据段,13条记录。第1~12条记录,分别由各月的电线积冰现象符号、南北和东西向积冰直径、厚度、最大重量、日期及气温、风向、风速12组数据组成;第13条记录由年最大电线积冰的现象符号、南北和东西向积冰直径、厚度、最大重量、月份、日期及气温、风向、风速14组数据组成。

(2)雨淞和雾淞直径、厚度单位为mm,重量单位为g/m,气温单位为0.1℃,风速单位为0.1 m/s。

(3)现象符号为4位数,其中现象编码的前2位为雨淞,后2位为雾淞,若某现象缺,在其相应的位置上录入"00";积冰直径、厚度为3位数,最大重量为5位数,月份(MM)、日期(DD)为2位数,气温为4位数,风向、风速分别为3位数。除风向外,位数不足,高位补"0"。风向位数不足,高位补"P"。

11. 风(F)

(1)风要素项目由风速、风的统计、最多风向三个数据段组成。

风速数据段:13条记录。第1~12条记录,分别由各月平均风速、月最大风速、风向、出现日期,月极大风速、风向、出现日期7组数据组成;第13条记录由年平均风速,年最大风速、风向、出现月份、日期,年极大风速、风向、出现月份、日期9组数据组成;

风的统计数据段:65条记录。第1~48条记录为各月16方位风的统计数据,每月4条记录,分别为"N、NNE、NE、ENE"、"E、ESE、SE、SSE"、"S、SSW、SW、WSW"、"W、WNW、NW、NNW"4组方位的风速合计、出现回数、平均风速、风向频率、最大风速,每条记录20组数据;第49~60条记录为各月C(静风)的统计数据,每条记录由出现回数、风向频率2组数据组成;第61~64条记录,每条记录分别由以上4组方位对应风向的年风速合计、出现回数、平均风速、风向频率、最大风速及出现月份24组数据组成;第65条记录为C(静风)的年合计、风向频率2组数据。

最多风向数据段:13条记录。分别由各月(年)的"最多风向、频率"和"次多风向、频率"4组数据组成。如没有次多风向时,第3、4组数据用"."表示。

(2)风速单位为0.1 m/s,出现回数单位为回,风向频率单位为%。

(3)月、年平均风速、最大风速、极大风速、风向分别为3位数,风向频率及出现月份(MM)为2位数,月、年风速合计为6位数,出现回数为4位数。除风向外,位数不足,高位补"0"。风向位数不足,高位补"P"。

(4)某风向未出现,有关统计数据用"."表示。频率<0.5,记"00"。

(5)月、年最大、极大风速的风向记个数时,加"500"表示。

(6)注有">""<"等符号的月极值被挑为年极值时,该符号应保留,数据取整数。

(7)各风向年最大、极大风速,出现月份和日期记个数时,加"50"表示。

12. 浅层地温(D)

(1)浅层地温要素项目由地面温度和浅层地温两个数据段组成。

地面温度数据段:13条记录。第1~12条记录,分别由各月的月平均、月平均最高和最低、月极端最高和最低及其出现日期、日最低≤0.0℃日数8组数据组成;第13条记录由年平均、年平均最高和最低、年极端最高和最低及其出现月份、日期,日最低≤0.0℃日数10组组成。

浅层地温数据段:13条记录。分别由各月(年)的5、10、15、20、40 cm平均地温5组数据组成。

(2)浅层地温单位为0.1℃,日数单位为日。

(3)浅层地温为4位数,第一位为符号位,正为"0",负为"一";日数为3位。位数不足,高位补"0"。

(4)年、月极值及出现月份(MM)、日期(DD)的表示同"气压"。

13. 深层地温(K)

(1)深层地温要素项目只有一个数据段,13条记录。分别由各月(年)的80、160、320 cm

地温 3 组数据组成。

(2)深层地温单位为 0.1℃。

(3)深层地温为 4 位数,第一位为符号位,正为"0",负为"一"。位数不足,高位补"0"。

14. 冻土深度(A)

(1)冻土深度要素项目只有一个数据段,13 条记录。第 1～12 条记录,分别由各月最大冻土深度、出现日期 2 组数据组成;第 13 条记录由年最大冻土深度、出现月份、日期 3 组数据组成。

(2)冻土深度单位为 cm。

(3)冻土深度为 4 位数,位数不足,高位补"0"。

(4)年最大冻土深度出现日期取 3 位数,位数不足,高位补"0"。当年最大冻土深度出现两次或以上相同,出现月份(MM)加"50"、日期(DDD)加"500"表示。

15. 日照(S)

(1)日照要素项目只有一个数据段,13 条记录。第 1～12 条记录,分别由 1～12 月各月的逐旬合计、月合计、百分率、月≥60%、≤20%的量别日数 7 组数据组成;第 13 条记录由年合计、百分率、年≥60%、≤20%的量别日数 4 组数据组成。

(2)日照时数单位为 0.1 h,日照百分率单位为%。

(3)日照时数为 5 位数,百分率为 2 位、量别日数为 3 位。以上各项位数不足,高位补"0"。

16. 草面(雪面)温度(B)

(1)草面(或雪面)温度要素项目只有一个数据段,13 条记录。第 1～12 条记录,分别由各月的月平均、月平均最高和最低、月极端最高和最低及其出现日期、日最低≤0.0℃日数 8 组数据组成;第 13 条记录由年平均、年平均最高和最低、年极端最高和最低及其出现月份、日期、日最低≤0.0℃日数 10 组数据组成。

(2)草面(雪面)温度单位为 0.1℃,日数单位为日。

(3)草面(雪面)温度为 4 位数,第一位为符号位,正为"0",负为"一";日数为 3 位。位数不足,高位补"0"。

(4)年、月极值及出现月份(MM)、日期(DD)的表示同"气压"。

5.10.5 附加信息

附加信息部分由"年报封面""本年天气气候概况""备注""现用仪器"四个数据段组成,其标识符分别为 FM、GK、BZ、YQ。各段结束符为"=<CR>"。

5.10.5.1 年报封面

1. 标识符:FM<CR>

2. "年报封面"段由 12 条记录组成,各条记录只有一组数据。记录结束符为"<CR>"。

3. 各组数据说明

(1)台站档案号(DDddd):由 5 位数组成,前 2 位为省(市、区)编号,后 3 位为台站编号。

(2)省(自治区、直辖市)名:不定长,最大字符数为 20,为台站所在省(自治区、直辖市)名全称,如"广西壮族自治区"。

(3)台站名称:不定长,最大字符数为 36,为本台(站)的单位名称。

(4)地址:不定长,最大字符数为 42,为台(站)所在详细地址,所属省(自治区、直辖市)名称可省略。

(5)地理环境:不定长,最大字符数为20。台站若同时处于两个以上环境,则并列表示,其间用半角";"分隔,如"市区;山顶"。

(6)台(站)长:不定长,最大字符数为16,为台(站)长姓名。

(7)输入:不定长,最大字符数为16,为观测数据录入人员姓名,如多人参加录入,选填一名主要录入者。

(8)校对:不定长,最大字符数为16,为观测数据录入校对人员姓名,如多人参加校对,选填一名主要校对者。

(9)预审:不定长,最大字符数为16,为报表数据文件预审人员姓名。

(10)审核:不定长,最大字符数为16,为报表数据文件审核人员姓名。

(11)传输:不定长,最大字符数为16,为报表数据文件传输人员姓名。

(12)传输日期(YYYYMMDD):8个字符,为报表数据报送传输时间,其中"年"占4位,"月""日"各占两位,位数不足,高位补"0"。

5.10.5.2 本年天气气候概况

1. 标识符:GK<CR>

2. "本年天气气候概况"段最多由5条记录组成,每条记录由项目标识码及项目内容描述两组数据组成。各组数据之间分隔符为"/",记录结束符为"<CR>"。

3. 本数据段标识码及项目内容规定如下:

01:主要天气气候特点

02:异常气候现象

03:重大灾害性、关键性天气及其影响

04:持续时间较长的不利天气影响

05:天气气候综合评价

(1)主要天气气候特点(01)和天气气候综合评价(05)记录为必报项目;其他项目如未出现,可以空缺。

(2)各条记录文字描述内容为不定长,文字要求简明扼要。

4. 各组数据说明

(1)主要天气气候特点:内容包括气温特征及与常年平均值、极端值比较,降水特征与常年平均值、极端值比较,主要天气气候特点及程度描述。

(2)异常气候现象:指月、年平均气温、降水总量等主要气候要素出现三十年以上一遇,或离散程度达到2倍标准差以上的极端情况。

(3)重大灾害性、关键性天气及其影响:内容包括灾害性、关键性天气名称、出现时间、地点、影响范围、程度。

(4)持续时间长的不利天气影响:指长期干旱、少雨、连阴雨等不利天气对工农业生产及其他方面产生的影响,应综合全年情况进行分析。

(5)本年天气气候综合评价:对本年天气气候情况进行综合性评述。

5.10.5.3 备注

1. 标识符:BZ<CR>

2."备注"数据段录入内容分"气象观测中一般备注事项记载"和"有关台站沿革变动情况记载"。

(1)气象观测中一般备注事项记载:由多条记录组成,每条记录由标识码(BB)、事项时间(MMDD 或 MMDD－MMDD)、事项说明三组数据组成,事项说明数据组为不定长。各组数据之间分隔符为"/",记录结束符为"＜CR＞"。

(2)有关台站沿革变动情况记载:由多条记录组成,每条记录由变动项目标识码、变动时间(MMDD)及变动情况多组数据组成。各变动情况数据组为不定长,但不得超过规定的最大字符数。各组数据之间分隔符为"/",记录结束符为"＜CR＞"。

台站沿革变动项目标识码及项目内容规定如下:
01:台站名称　　　　02:区站号　　　　03:台站级别
04:所属机构　　　　05[55]:台站位置　　06:障碍物
07[77]:观测要素　　08:观测仪器　　　09:观测时制
10:观测时间　　　　11:守班情况　　　12:其他变动事项
13:附加图像文件

其中标识码"10"和"11"项为必报项,其余项目如未出现,则该项缺省;如某项多次变动,按标识码重复录入。

台站位置迁移,其变动标识码用"05";台站位置不变,而经纬度、海拔高度因测量方法不同或地址、地理环境改变,其变动标识码用"55"。增加观测要素,其变动标识码用"07";减少观测要素,其变动标识码用"77"。

3. 各组数据说明

(1)一般备注事项标识码:用"BB"表示。如多条备注事项记录,按标识码重复录入。

(2)事项时间(MMDD 或 MMDD－MMDD):具体事项出现的月份(MM)和日期(DD)或起止时间(月份、日期),起、止时间用"－"分隔。若某一事项时间比较多而不连续,其起、止时间记第一个和最后一个时间,并在事项说明中分别注明出现的具体时间。

(3)事项说明:包括对某次或某时段观测记录质量有直接影响的原因、仪器性能不良或故障对观测记录的影响、仪器更换(非换型号)、非迁站情况的台站周围环境变化(包括台站周围建筑物、道路、河流、湖泊、树木、绿化、土地利用、耕作制度、距城镇的方位距离等)对观测记录的影响以及观测规范规定应备注的其他事项。涉及台站沿革变动的事项放在有关变动项目中。

(4)项目变动标识:按规定的项目变动标识码表示。

(5)变动时间(MMDD):4 个字符,项目具体变动的月份(MM)和日期(DD)。"月""日"各占两位,位数不足,高位补"0"。

(6)台站名称:不定长,最大字符数为36,为变动后的台站名称。

(7)台站级别:不定长,最大字符数为10。指"基准站""基本站""一般站""自动气象站",按变动后的台站级别录入。

(8)所属机构:不定长,最大字符数为30。指气象台站业务管辖部门简称,填到省、部(局)级,如"国家海洋局"。气象部门所属台站填"某某省(市、区)气象局",按变动后的所属机构录入。

(9)纬度:同"台站参数"部分,按变动后纬度录入。

(10)经度:同"台站参数"部分,按变动后经度录入。

(11)观测场海拔高度:同"台站参数"部分,按变动后观测场海拔高度录入。

(12)地址:不定长,最大字符数为42。同"年报封面"数据段,按变动后地址录入。

(13)地理环境:不定长,最大字符数为20。同"年报封面"数据段,按变动后地理环境录入。

(14)距原址距离方向:9个字符,其中距离5位、方向3位、分隔符";"1位。距离不足位,前位补"0"。方向不足位,后位补空。为台站迁址后新观测场距原站址观测场直线距离和方向。距离以m为单位;方向按16方位的大写英文字母表示。

(15)方位:3个字符,按16方位的大写英文字母表示,不足位,后位补空。若同一方位有两个以上障碍物,选择对观测记录影响较大的障碍物。若同一障碍物影响几个方位时,按所影响的方位分别录入。某方位无障碍物影响,该方位空缺。

(16)障碍物名称:不定长,最大字符数为6。所谓障碍物是指观测场以外高于观测场地面1 m以上的建筑物、构筑物、树木、作物等物体。国家级地面气象观测站控制区内障碍物的限制要求详见《气象探测环境保护规范 地面气象观测站》(GB31221—2014)。应录入观测场周围对气象观测记录的代表性、准确性、比较性有直接影响的障碍物名称,如"建筑物""树木"等,照实录入。

(17)仰角:2个字符,不足位,前位补"0"。为障碍物的高度角,从观测场中心位置测量,精确到度。

(18)宽度角:2个字符,不足位,前位补"0"。为各方位障碍物的宽度角,从观测场中心位置测量,精确到度,障碍物最大的宽度角为23°。

(19)距离:5个字符,不足位,前位补"0"。为各方位障碍物距观测场中心的距离,以m为单位。

(20)要素名称:不定长,最大字符数为14,气象观测要素简称。

(21)仪器名称:不定长,最大字符数为30。为换型后的观测仪器名称,规格型式未变,仅是号码改变的仪器变动不必录入。

(22)仪器距地或平台高度:6个字符,不足位,前位补"0"。为观测仪器(感应部分)安装距观测场或观测平台地面高度(注:气压表高度为海拔高度),以0.1 m为单位。若观测仪器(感应部分)低于观测场地面高度,则在高度前加"—"号。气压、气温、湿度、风、降水、蒸发(小型)、日照等气象要素,应填报此项,其他气象要素器测项目的仪器距地高度变动均予省略。

(23)平台距观测场地面高度:4个字符,不足位,前位补"0"。以0.1 m为单位。

(24)观测时制:不定长,最大字符数为10,为变动后的时制。

(25)观测次数:不定长,最大字符数为2。人工定时观测的次数(03或05),不包括辅助观测次数或以自记记录代替的时次。

(26)观测时间:不定长,最大字符数为72。每日人工定时观测的具体时间,各时次之间用";"分隔,如"08;14;20"。每小时观测一次,则录入"逐时观测"。若连续自动观测,则录入"某时至某时连续观测"或"24小时连续观测"。

(27)夜间守班情况:不定长,最大字符数为6。按"守班""不守班",照实录入。

(28)其他事项说明:不定长,最大字符数为60。为台站所属行政地名改变和对记录质量有直接影响的其他事项(不包括上述各变动事项)。

(29)图像文件名:指作为录入、存档的有关灾害性天气事件或台站环境照片或录像等图像文件,其文件名为"YIIiii－YYYYxx.JPG(或 TIF/GIF)","xx"为图像文件顺序号,位数不足,高位补"0"。图像文件说明:文件说明内容包括图像名称、拍摄时间、地点、责任者(拍摄单位或个人)、记录长度。

5.10.5.4 现用仪器

1. 标识符:YQ<CR>

2. "现用仪器"数据段,每条记录由仪器标识码、规格型号、号码、厂名、检定日期 5 组数据组成。各组数据之间用"/"分隔,记录结束符为"<CR>"。

3. 本数据段录入年内使用的主要观测仪器的有关资料。年内未使用的仪器不必录入。

同一类仪器,台站如有不同规格型号的仪器同时进行观测时,只录入用作正式记录的观测仪器的规格型号、号码等。

如某站同时配有翻斗式雨量传感器和称重式降水传感器、蒸发传感器和小型蒸发器,且分别在非结冰期和结冰期将其作为正式观测记录,则需同时录入各传感器的有关资料。

4. 各组数据说明

(1)仪器标识码:按规定的仪器标识码录入。

(2)规格型号:不定长,最大字符数为 25,为观测仪器的规格型号。

(3)号码:不定长,最大字符数为 10,为观测仪器的号码。

(4)厂名:不定长,最大字符数为 20,为观测仪器的生产厂名。

(5)检定日期(YYYYMMDD):8 个字符,其中年份 4 位,月份 2 位,日期 2 位,位数不足,高位补"0"。为仪器检定的年、月、日,无检定证而有合格证的,录入"有合格证"。

5.11 气象辐射观测数据文件(R 文件)

5.11.1 文件名

"气象辐射观测数据文件格式"(简称 R 文件)为文本文件。文件名由 17 位字母、数字、符号组成,其结构为"RIIiii-YYYYMM.TXT"。

其中"R"为文件类别标识符(保留字);"IIiii"为区站号;"YYYY"为资料年份;"MM"为资料月份,位数不足,高位补"0";"TXT"为文件扩展名。

5.11.2 文件结构

R 文件由台站参数、观测数据、质量控制、附加信息四个部分构成。观测数据部分的结束符为"??????",质量控制部分的结束符为"＊＊＊＊＊＊",附加信息的结束符为"＃＃＃＃＃＃"。

5.11.3 台站参数

1. 数据结构

台站参数为文件第一条记录,由 8 组数据构成,排列顺序为区站号、纬度、经度、观测场海拔高度、测站级别、质量控制指示码、年份、月份。

各组数据间隔符为一位空格,"<CR>"(回车换行,下同)为记录结束符。

2. 各组数据说明

(1)区站号(IIiii),由5位数字组成,前2位为区号,后3位为站号。

(2)纬度(QQQQQ),由5位字符组成,其中1～2位为度、3～4位为分,位数不足,高位补"0";最后一位"S""N"分别表示南、北纬。如:北纬30°02′,表示为"3002N"。

(3)经度(LLLLLL),由6位字符组成,其中1～3位为度、4～5位为分,位数不足,高位补"0";最后一位"E""W"分别表示东、西经。如:东经97°46′,表示为"09746E"。

(4)观测场海拔高度(HHHHHH),由6位数字组成,第一位为海拔高度参数,"0"表示海拔高度为实测值,"1"表示海拔高度为约测值;后5位表示海拔高度,单位为0.1 m,位数不足,高位补"0"。若测站位于海平面以下,则第二位录"一",如"0—0214"。

(5)测站级别(Zx),"Z"为测站级别标识符(保留字),用大写字母表示。x=1为一级站,x=2为二级站,x=3为三级站。

(6)质量控制指示码(C),C=0表示文件无质量控制部分;C=1表示文件有质量控制部分。

(7)年份(YYYY),观测年份,由4位数组成。

(8)月份(MM),观测月份,由2位数组成,位数不足,高位补"0"。

5.11.4 观测数据

观测数据由作用层状态和各项辐射量构成,排列顺序是固定的,数据间隔符为空格,记录间隔符为"<CR>","=<CR>"为结束符。

1. 作用层状态

作用层状态由识别符和每日作用层情况及作用层状况组成。

(1)作用层状态识别符,1个字符,为Z。

(2)作用层情况及作用层状况,每月一条记录,记录由每日作用层状态(2位数)组成。十位数为作用层情况编码,个位数为作用层状况编码。某日作用层情况及作用层状况缺测,相应位置录入"//"。作用层情况及作用层状况编码如表5.19:

表5.19 作用层情况及状况编码

作用层情况(十位数)	编码	作用层状况(个位数)	编码
青草	0	干燥	0
枯(黄)草	1	潮湿	1
裸露黏土	2	积水	2
裸露沙土	3	泛碱(盐碱)	3
裸露硬(石子)土	4	新雪	4
裸露黄(红)土	5	陈雪	5
		融化雪	6
		结冰	7

(3)一、二级站每日录入辐射表观测场地的作用层状态,三级站不录入。

(4)一、二级站作用层状态全月缺漏记录时,录入 Z=<CR>。

2. 各项辐射量

各项辐射量由项目识别符和辐射量记录组成。

项目识别符由 1 个大写字母标识，Q、N、D、S、R 分别表示总辐射、净全辐射、散射辐射、直接辐射、反射辐射。

各项辐射时曝辐量观测组数，由 00－01,01－02,……,23－24 时 24 组观测值组成。

每项辐射量除项目识别符外，每日为一条记录，每条记录含若干组数据，空格为数据组间隔符，"<CR>"为记录结束符，每月最多 31 条记录。"＝<CR>"为项目数据段结束标志。

曝辐量单位为 0.01 MJ.m^{-2}；辐照度单位为 Wm^{-2}；出现时间，前 2 位为时(GG)，后 2 位为分(gg)；日照时数单位为 0.1 小时。

(1) 总辐射(Q)

每日为一条记录，每条记录含时总辐射曝辐量 24 组及日总辐射曝辐量、日最大总辐射辐照度、日最大总辐射辐照度出现时间和日照时数各 1 组，共 28 组。时总辐射曝辐量每组由 3 位数组成，日总辐射曝辐量、日最大总辐射辐照度、日最大总辐射辐照度出现时间各由 4 位数组成，日照时数由 3 位数组成。

(2) 净全辐射(N)

每日为一条记录，每条记录含时净全辐射曝辐量 24 组及日净全辐射曝辐量、日最大净全辐射辐照度和日最大净全辐射辐照度出现时间、日最小净全辐射辐照度和日最小净全辐射辐照度出现时间各 1 组，共 29 组。时净全辐射曝辐量每组由 4 位数组成，日净全辐射曝辐量和日最大净全辐射辐照度由 5 位数组成，日最小净全辐射辐照度和日最大、日最小净全辐射辐照度出现时间由 4 位数组成。

时、日净全辐射曝辐量、日最大日最小净全辐射辐照度第一位均为符号位，正为"0"，负为"一"。

(3) 散射辐射(D)

每日为一条记录，每条记录含时散射辐射曝辐量 24 组（每组由 3 位数组成）及日散射辐射曝辐量、日最大散射辐射辐照度、日最大散射辐射辐照度出现时间各 1 组（均由 4 位数组成），共 27 组。

(4) 直接辐射(S)

每日为一条记录，每条记录含时直接辐射曝辐量 24 组（每组由 3 位数组成）及日直接辐射曝辐量、日最大直接辐射辐照度、日最大直接辐射辐照度出现时间和水平面直接辐射各 1 组（均为 4 位数组成），共 28 组。

(5) 反射辐射(R)

每日为一条记录，每条记录含时反射辐射曝辐量 24 组，及日反射辐射曝辐量、日反射比、日最大反射辐射辐照度和日最大反射辐射辐照度出现时间各 1 组，9、12、15 时太阳直接辐射辐照度和 9、12、15 时大气浑浊度指标各 3 组，共 34 组。时反射辐射曝辐量每组由 3 位数组成；日反射辐射曝辐量由 4 位数组成；日反射比由 2 位数组成；日最大反射辐射辐照度和日最大出现时间，9、12、15 时太阳直射辐射辐照度和 9、12、15 时大气浑浊度指标各组均由 4 位数组成。

9、12、15 时太阳直射辐射辐照度和 9、12、15 时大气浑浊度指标各组，若某组不观测或无记录时，则该组相应位置上录入"."（半角，下同）；日反射比，以百分比为单位，取整数；大气浑浊度指标,取小数 2 位。

3. 特殊问题处理规定

(1)某项辐射量因台站级别限定不观测,无相应记录,则项目标识符和辐射量都不必录入。如三级站的净全辐射、散射辐射、直接辐射、反射辐射均不录入。

(2)各级台站中应有的某项观测全月缺测,造成该项全月无记录的,则在该项目标识符后紧跟着录入"=<CR>"。

(3)各项辐射的时曝辐量组数固定,因日出、日落时间不一,实际观测组数少于规定组数,相应位置上按规定位数录入"."。

如总辐射在日出前或日落后的时段,录入"..."。

(4)按规定位数录入每条记录各组数据,位数不足时,高位补"0"。

(5)除净全辐射外的各项辐射某日各时曝辐量均为"0",日最大或日最小辐射辐照度为"0"时,出现时间应录入相应长度的"."。

(6)因仪器故障或人为原因造成各项辐射的时曝辐量缺测,一律在相应位置录入规定位数的"/"。

5.11.5 质量控制

质量控制部分位于观测数据之后,若文件首部质量控制指示码为"0",表示无质量控制部分,在观测数据部分结束符"?????? <CR>"后直接录入质量控制部分结束符"＊＊＊＊＊＊<CR>"即可。

质量控制部分,分为质量控制码段和更正数据段。没有订正或修改数据的,质量控制码段后直接录入"=<CR>"。

1. 质量控制码段

(1)质量控制码分三级:台站级、省(地区)级和国家级,用三位整数表示,百位表示台站级质量控制码,十位表示省(地区)级质量控制码,个位表示国家级质量控制码,如质量控制码为"222",表示该数据台站级、省(地区)级和国家级质量控制都认为是错误值。

质量控制码含义为:

0:数据正确

1:数据可疑

2:数据错误

3:数据有订正值

4:数据已修改

8:数据缺测

9:数据未作质量控制

(2)质量控制码段由观测数据的质量控制码组成,其排列顺序同观测数据部分。

(3)观测数据各项目识别符前加字母"Q",即为各项目质量控制码段指示符。

(4)观测数据部分的每个数据都要有相应的质量控制码。

作用层状态质量控制除项目识别符外,每月一条记录,由每日作用层状态的三级质量控制码组成,空格为组间隔符,"=<CR>"为该项质量控制码段结束标志。

各项辐射量质量控制除项目指示符外,每日为一条记录,由辐射量各数据三级质量控制码组成,质量控制码每天的数据组数与观测数据部分每天数据组数相等,空格为组间隔符,"<CR>"为记录结束符,"=<CR>"为项目质量控制码段结束标志,置于最后一天数据之后。

2. 更正数据段

(1)更正数据段是订正数据和修改数据更正情况的记录。

订正数据是指原始观测数据疑误或缺测,通过一定的统计方法计算或估算的数据。订正数据不得替代"观测数据"部分的原数据,应按规定格式在更正数据段记录其订正情况。

修改数据是指原始观测数据疑误或缺测,经查询确认正确的数据。修改数据应替代"观测数据"部分的原数据,并按规定格式在更正数据段记录其修改情况。

(2)一个更正数据一条记录,更正数据段记录个数不限。每次订正或修改均添加到最后一条记录之后。

(3)更正数据格式

某项目有修改或订正数据,在更正数据标识(订正数据为 3、修改数据为 4)后面按顺序录入该项目识别符、日期(两位整数)、组数(两位整数)、更正级别(一位整数,表示哪一级进行的更正,台站为 1、省或地级为 2、国家级为 3)、原始数据和更正数据(按该项目该组数据相同位数)。"原始数据"和"更正数据"分别用"[ ]"括起,数据之间用空格作为分隔符,"<CR>"为每条记录结束符,"=<CR>"为更正数据段结束标志。

由于作用层状态一个月只有一条记录,日期组一律录入"01"。

例 1:某站某月 5 日 09-10 时总辐射曝辐量原来录入数据"752",该省质量检查发现原始数据错误,通过统计方法计算,确认应订正为"137"。

则录入:3 Q 05 10 2 [752] [137]<CR>

例 2:某站某月 5 日作用层状态组原来录入数据"00",该省质量检查发现原始数据错误,经查询台站,确认录入错误,修改为"02"。

则录入:4 Z 01 05 2 [00] [02]<CR>

5.11.6 附加信息

附加信息部分由封面、仪器类型性能、场地周围环境及作用层变化描述和备注四个数据段组成。其标识符分别为 FM、YX、CZ、BZ。

5.11.6.1 封面

1. 标识符:FM<CR>

封面由 14 条记录(一、二级站)或 13 条记录(三级站)组成,各条记录之间用"<CR>"分隔,月结束符号为"=<CR>"。

2. 各条记录说明:

(1)档案号:指气象台站档案编号,5 位数字,前 2 位为省(自治区、直辖市)编号,后 3 位为台站编号。

(2)省(自治区、直辖市)名:不定长,最大字符数为 20。录入台站所在省(自治区、直辖市)名全称。如"广西壮族自治区"。

(3)台站名称:不定长,最大字符数为 36。录入本台(站)的名称。台(站)名称若不是以县(市、旗)名为台(站)名的,则应在台(站)名称前加县(市、旗)名。

(4)地址:不定长,最大字符数为 42。录入本站所在地的详细地址,所属省、自治区、直辖市名称可省略。

(5)地理环境:不定长,最大字符数为20。据情选择录入台站周围地理环境情况,台站若同时处于两个以上环境,则并列录入,其间用";"分隔,如"市区;山顶"。

(6)总辐射、散射辐射、直接辐射表离地高度:各辐射表离地高度由3位数组成,单位为0.1 m,位数不足,高位补"0"。如果某站的某辐射表安装在平台上,则离地高度为该表感应面离平台高度与平台面离地面高度之和。

一级站三组全录入,空格为组间隔符;二级站和三级站只录入总辐射表离地高度1组。

(7)净全辐射、反射辐射表离地高度:录入规定同上。

一级站两组全录入,空格为组间隔符;二级站只录入净全辐射表离地高度一组,三级站两组全不录入。

(8)台(站)长:不定长,最大字符数为16。录入台(站)长姓名。姓名中可加必要的符号,如"·",以下相同情况按此处理。

(9)输入:不定长,最大字符数为16。录入数据录入人员姓名,如多人参加录入,选填一名主要录入者。

(10)校对:不定长,最大字符数为16。录入观测数据校对人员姓名,如多人参加校对,选填一名主要校对者。

(11)预审:不定长,最大字符数为16。录入数据文件预审人员姓名。

(12)审核:不定长,最大字符数为16。录入数据文件审核人员姓名。

(13)传输:不定长,最大字符数为16。录入数据文件传输人员姓名。

(14)传输日期:指报表数据报送传输时间,8位数字,其中"年"占4位,"月""日"各占两位,位数不足,高位补"0"。

5.11.6.2 仪器类型性能

1. 标识符:YX\<CR\>

2. 各辐射仪器类型性能由辐射仪器类型识别符和辐射仪器性能记录组成。

3. 辐射仪器类型识别符为各辐射仪器类型的标识,由2个大写字母组成,第一个字母为仪器类型性能识别符"Y",第二个字母为仪器名称符分别用Q、N、D、S、R、J,表示总辐射表、净全辐射表、散射辐射表、直接辐射表、反射辐射表、记录器。

如总辐射仪器类型识别符为"YQ\<CR\>";记录器仪器类型识别符为"YJ\<CR\>"。

4. 各辐射仪器性能记录,包括型号组、号码组、灵敏度K值组、响应时间t值组、电阻R值组、检定时间组和开始工作时间组。净全辐射表灵敏度K值需录入白天K值和晚上K值两组,净全辐射表仪器性能记录由8组组成,其他辐射表仪器性能记录由7组组成。空格为组间隔符,"\<CR\>"为记录间隔符,"=\<CR\>"为一种仪器类型性能结束标志。

(1)辐射表型号组由字母或数字组成,不定长,按实有字符,最大位数为10。

(2)辐射表号码组由数字组成,不定长,按实有字符,最大位数为6。

(3)辐射表灵敏度K值由4位数字组成,单位为$0.01\mu v \cdot W^{-1} \cdot m^2$。

(4)辐射表响应时间t值由2位数字组成,单位为s。

(5)辐射表电阻R值组由4位数组成,单位为0.1Ω。

(6)辐射表检定时间组和开始工作时间组由8位数字组成,第1~4位为年份,第5~6位为月份,第7~8位为日期。

(7)除第(1)、(2)组外,(3)~(6)组位数不足,高位补"0"。

5. 记录器性能记录,包括型号组、号码组、检定(标定)时间组和开始工作时间组,共4组组成。

6. 某辐射表因台站级别限定不安装,无相应记录,则辐射仪器类型识别符不必录入。如三级站的净全辐射表、散射辐射表、直接辐射表、反射辐射表的仪器类型性能都不录入。不同辐射仪器类型识别符及每个记录的组数如表5.20:

表5.20 辐射仪器识别符及记录组数

仪器类型	识别符	每条记录的组数	备注
总辐射表	YQ	7	一、二、三级站必有
净全辐射表	YN	8	一、二级站必有
散射辐射表	YD	7	一级站必有
直接辐射表	YS	7	一级站必有
反射辐射表	YR	7	一级站必有
记录器	YJ	4	一、二、三级站必有

7. 当月没有更换辐射表,一种辐射表或记录器只有一个仪器性能记录,记录后直接录入该种仪器类型结束标志"=<CR>"。

8. 当月更换辐射表或记录器,则该种辐射表或记录器仪器类型识别符后,按先后顺序录入若干条仪器性能记录。"<CR>"为记录间隔符,"=<CR>"为该种仪器类型结束标志。

9. 本月某辐射表或记录器中的某组缺测,一律按规定位数,在相应位置上录入"/"。

5.11.6.3 场地周围环境变化描述

1. 标识符:CZ<CR>
2. "场地周围环境变化描述"数据段根据规定录入本月应说明的场地周围环境变化事项,由两条记录组成。记录由项目标识码及项目内容文字描述两组数据组成,各组数据之间分隔符为"/",文字描述要求简明扼要,为不定长记录。记录之间用"<CR>"分隔,最后一条记录后录入本数据段月结束符号"=<CR>"。如某项目未出现,可不录入;两项均无,直接录入"=<CR>"。

3. 项目及标识码

01:场地周围环境变化描述;
02:台站需要上报的其他有关事项。

4. 录入说明

(1)场地周围环境变化描述:在建站开始观测时,应绘制场地周围环境遮蔽图,图像文件名为"RIIiii-YYYYMM.jpg(或 TIF/GIF)",并用文字描述场地周围环境。

每年1月份用文字说明场地周围环境,其他月份场地周围环境未发生变化可不录入。当站址迁移或有新的影响辐射观测障碍物出现,场地周围环境发生较大变化时,当月应重新绘制场地周围环境遮蔽图(图像文件名同上)和文字描述。

(2)一级站和二级站已经录入每日辐射表观测场地作用层状态的,不再录入作用层变化。

(3)台站需要上报的其他有关事项。

5.11.6.4 备注栏

1. 标识符：BZ<CR>

2. 每月若干条记录，每条记录包含日期（2个数字，位数不足，高位补"0"）和根据具体情况当日需上报说明的事项，为不定长记录。空格为组间隔符，记录之间用"<CR>"分隔，月结束符号为"＝<CR>"。

3. 根据具体情况需录入的其他事项：

（1）详细录入因仪器故障或人为原因造成影响辐射记录质量的情况，不要笼统录入"仪器故障"或"人为原因"。

如：CV＝1，雨停后忘记改成CV＝0，造成11—12、12—13时缺测。

（2）变动较大的事项，如更换记录仪、薄膜罩、改用业务程序等。

（3）不正常记录处理情况，如经审核后确定了有疑问或错误记录的取舍情况，应说明取者（项目、数据）已按正式记录录入，舍者（项目、数据）已按缺测处理。

（4）辐射表仪器加盖情况。

（5）台站名称、区站号、级别、地址、位置变动。

（6）台站其他需要说明的事项。

附表：废止的技术规定列表

序号	文号	文件名	废止内容
1	气测函〔2005〕227号	《地面气象观测规范》技术问题综合解答（第1号）	全文
2	气测函〔2009〕282号	《关于进一步做好冬春季综合气象观测工作的通知》	第二条的1、2小条废止
3	气测函〔2009〕304号	《关于地面气象测报业务系统软件升级有关事宜的通知》	全文
4	气测函〔2010〕39号	《关于规范能见度仪安装高度的通知》	第1条废止
5	气测函〔2010〕253号	《关于电线积冰观测业务调整有关事宜的通知》	全文
6	气测函〔2012〕26号	《关于调整地面气象观测业务相关规定的通知》附件1《地面气象观测业务补充规定》	全文
7	气测函〔2012〕26号	附件2《自动气象站业务规章制度（2012年）》	《自动气象站测报质量考核办法》废止
8	气测函〔2012〕36号	《关于张北等国家基准气候站长期保留人工器测观测任务的函》	全文
9	气测函〔2012〕264号	《关于印发新型自动气象站安装布局和相关业务规定的函》	全文
10	气测函〔2013〕321号	《中国气象局综合观测司关于做好全国地面气象观测业务调整工作的通知》附件1《地面气象观测业务改革调整技术规定》	全文
11	气测函〔2015〕45号	《观测司关于地面气象观测业务运行有关工作的通知》及附件《地面气象观测业务补充技术规定》	全文